Organisation und Betriebsführung der Betontiefbaustellen

Von

Dr.-Ing. A. Agatz

Baurat in Bremen

Mit 29 Abbildungen und Musterformularen

Springer-Verlag
Berlin Heidelberg GmbH
1923

ISBN 978-3-662-31347-3 ISBN 978-3-662-31552-1 (eBook)
DOI 10.1007/978-3-662-31552-1

Vorwort.

In den Kriegsjahren 1914—1918 sind von den Völkern ungeheure Werte der Zivilisation vernichtet worden, die nach Kriegsschluß der Wiederherstellung oder Erneuerung harrten. Allein schon ein Arbeitsgebiet, das unter normalen Zeitverhältnissen gewaltige Arbeitsleistungen erforderte. Und was ist in Wirklichkeit vom deutschen Volke unter dem lebensverneinenden Druck des Versailler Friedensvertrages und unter den aufpeitschenden Schlägen der inneren Revolution, mit ihrer gleichfalls arbeitsverneinenden Auswirkung, alles geleistet worden! Taumelnd vor Erschöpfung fanden die guten Kräfte der deutschen Stämme auf dem steinigen, kaum zu erkennenden Pfad immer wieder Punkte, an denen sie ihre Wurzeln einschlagen konnten, um nicht vollends zusammen mit ihren Volksgenossen der Verelendung anheim zu fallen.

Das freie Spiel der Kräfte auf dem eigenen und internationalen Wirtschaftsplan ist uns durch Haß und Neid unserer Feinde geknebelt. Die Arbeitsleistung ist beschnitten durch Achtstundentag, innere Zermürbung und Schwächung unserer geistigen und körperlichen Kräfte. Dieses alles zwingt uns, den Weg der wirtschaftlichsten Ausnutzung unserer Volkskraft zu gehen. Die Verflachung des Arbeitswertes jedes einzelnen muß durch Hebung der Intensität unschädlich gemacht werden. Ihre Hilfsmittel sind die Organisation und wirtschaftliche Betriebsführung. Nur wenige sind es bislang gewesen, die dieses volkswirtschaftlich so unendlich wertvolle Gebiet ausgewertet und der Allgemeinheit nutzbar gemacht haben. Unter der ungeheuren Anspannung der heutigen Zeitverhältnisse ist aber die Veredelung der Arbeitsleistung aller Zweige unseres Wirtschaftslebens zur Pflicht am eigenen Volke geworden.

Der Einblick in die Organisation und Betriebsführung von großen Betontiefbaustellen gab mir den Anlaß, die Erfahrungen aus der Zeit meiner Tätigkeit in der Privatindustrie in vorliegender Arbeit zusammenfassend einer Durcharbeitung zu unterziehen.

Dem Bauleiter, auf dem das Schwergewicht für die wirtschaftliche Durchführung von großen Betonbauten ruht, möge es ein kleines Handbuch sein. Außerdem hege ich mit der Arbeit den Wunsch, daß unsere Wirtschaftstechniker angeregt werden, das große Problem der wirtschaftlichen Ausnutzung der menschlichen und maschinellen Arbeitskraft im Baugewerbe weiter zu verfolgen, um auf diese Weise eine höhere Wertigkeit der deutschen Arbeitsleistung zu erzielen, die umgerechnet auch zu ihrem Teil mit dazu beitragen kann, uns von den drückenden Lasten des Versailler Friedensvertrages zu befreien, denn noch immer hat das Volk seine Fesseln abgestreift, das seine in sich schlummernden Kräfte zur größtmöglichen Ausnutzung frei machte.

Bremen, im März 1923.

A. Agatz.

Inhaltsverzeichnis.

Allgemeine Einführung.

Betrachtet man die wirtschaftlich-stabilen Vorkriegsverhältnisse und die jetzige sich dauernd überstürzende Wirtschaftslage nach der Revolution, so erkennt man, wie ungemein schwieriger es heute für den Unternehmer ist, Baustellen so einzurichten und durchzuführen, daß ihre Wirtschaftlichkeit gewahrt bleibt. Wo früher feste Werte, die auf Grund von Erfahrungen gebildet worden waren, auf Jahre hinaus die Unterlage bildeten für die Kalkulation und Ausführung von Betontiefbauten, besteht seit Kriegsende ein nicht endenwollendes Chaos der sich dauernd überstürzenden Werte der Preis- und Lohnbildung.

Für die beiden Grundstoffe Kohle und Eisen, den Zement und den Arbeitslohn des gelernten Bauarbeiters habe ich die in der Abb. 1 beigefügten Preiskurven vom Jahre 1914 bis Ende des Jahres 1922 aufgezeichnet. An ihrem Verlauf erkennt man die Zerrissenheit der heutigen Wirtschaftsverhältnisse. Während in den Kriegsjahren ein einigermaßen normaler Preisstand gewahrt blieb, setzte nach Kriegsschluß die steilere Aufwärtsbewegung ein, die mit der beginnenden Auswirkung des Versailler Friedensvertrages immer schärfere Tendenz nach oben zeigt und nach kurzer Unterbrechung um das Jahr 1921 nunmehr fast senkrechten Verlauf nimmt. Aber noch andere Aufschlüsse geben uns die Preiskurven.

Der Roheisenpreis stieg von Januar 1914 mit 79,5 M./t auf 174,460 M./t im Dezember 1922, demnach eine 2200fache Steigerung.

2. Der Kohlenpreis stieg von Januar 1914 mit 12,00 M./t auf 22 763,00 M./t im Dezember 1922, demnach eine 1900fache Steigerung.

3. Der Stundenlohn des ungelernten Bauarbeiters betrug Anfang des Jahres 1914 0,36 M., bis Anfang Dezember 1922 229 M., also eine 640fache Steigerung.

4. Der Stundenlohn des gelernten Bauarbeiters betrug Anfang des Jahres 1914 0,66 M., bis Anfang Dezember 1922 242 M., also eine 365fache Steigerung.

5. Der akademisch gebildete Mittelstand hatte im Frieden ein durchschnittliches Endgehalt von 600 M. im Monat, am 1. Dezember 1922 ein Monatsgehalt von 120 000 M., demnach eine 200fache Steigerung.

Wie wertvoll unter derartigen Verfallserscheinungen unserer Zeit die planvolle Organisation sein kann, werde ich in dem weiteren Verlauf der Arbeit noch mehrfach anführen. Um den Überblick zu erleichtern, gebe ich in der Abb. 2 vorerst den schematischen Aufbau einer Betonbaustelle wieder.

Vom Menschengeist durchdrungen erwacht die Materie und erlangt eine Wertigkeit, deren Grenzen jeder einzelne gemäß seinem Willen und seinen Fähigkeiten ihr steckt. Bauleiter, Angestellte und Arbeiter erhalten ihren Platz angewiesen, von dem aus sie die Werte angreifen, anscheinend jeder auf eigenem Gebiet für sich, doch als Ganzes genommen wie ein Räderwerk Zahn um Zahn ineinandergreifend. Fünf Zentralen sind es, von wo aus die Fäden hinauslaufen: Bauherr und Stammhaus als Kontrollorgane, der Bauleiter als Herz der Anlage, der Ingenieur als Triebkraft für den technischen, der Kaufmann für den kaufmännischen Betrieb. Von diesen Stellen aus wird die Aufbauarbeit geleitet und zum gewollten Ende geführt.

Bauleiter, Bauführer und Kaufmann sind die Träger der Bauausführung und bilden das Rückgrat der Organisation und Betriebsführung. Da sie die Leiter kleinerer und größerer Arbeitsgruppen sind, ruht auf ihnen das Schwergewicht, und darum ist an ihnen zuerst der Hebel der wirtschaftlichen Betriebsführung anzusetzen. Ihnen sind die Mittel in die Hand zu geben, damit sie erkennen, was teuer, was billig in der Herstellungsweise ist, wie Material und Arbeiter anzufassen und zu verwerten sind, damit die höchste Wirtschaftlichkeit gewahrt wird.

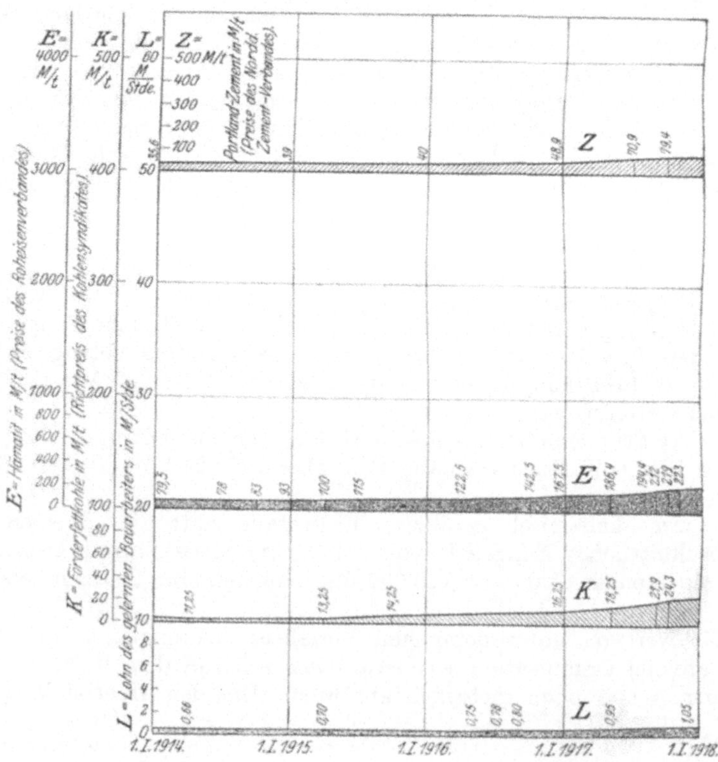

Abb. 1. Preisent-

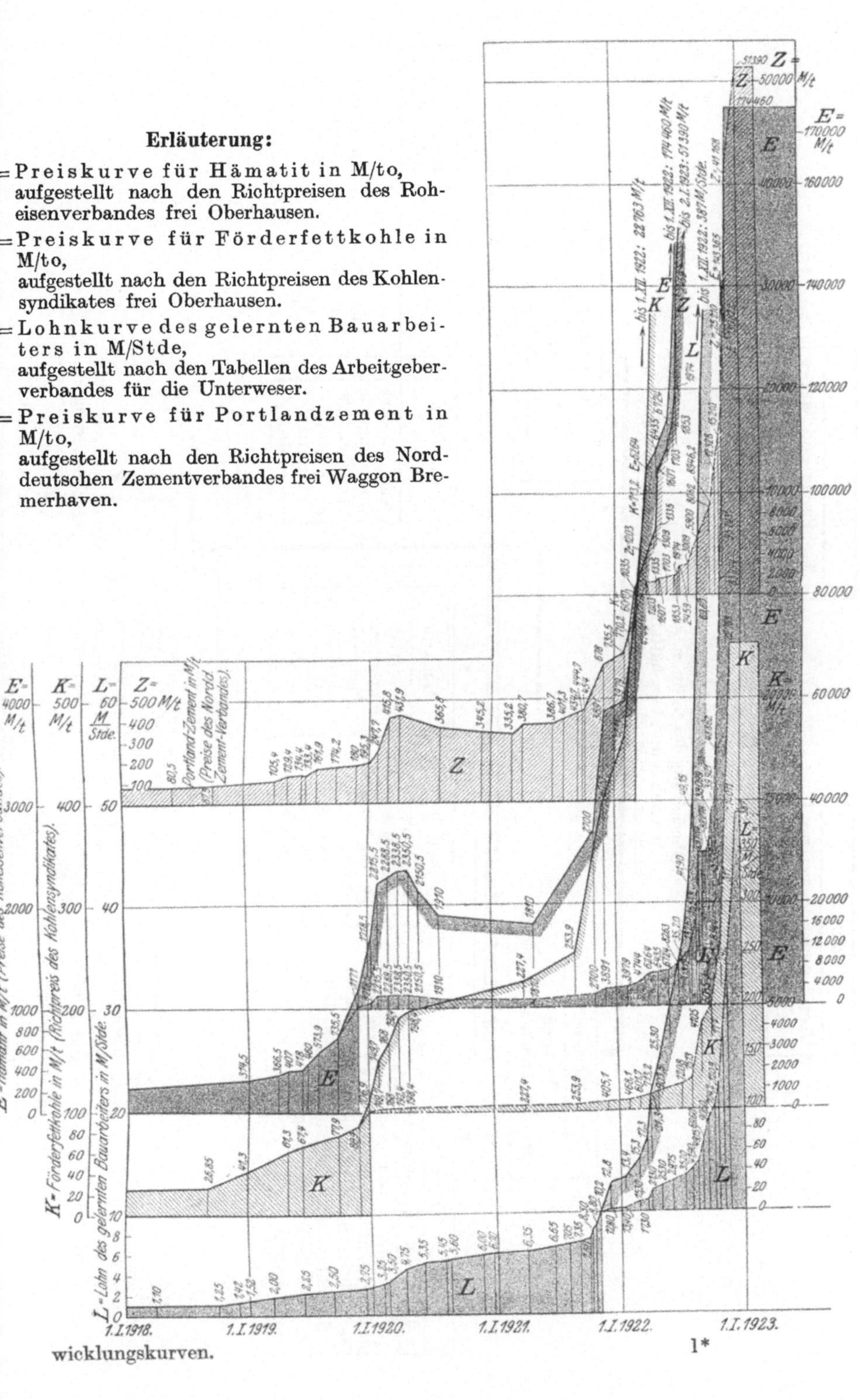

wicklungskurven.

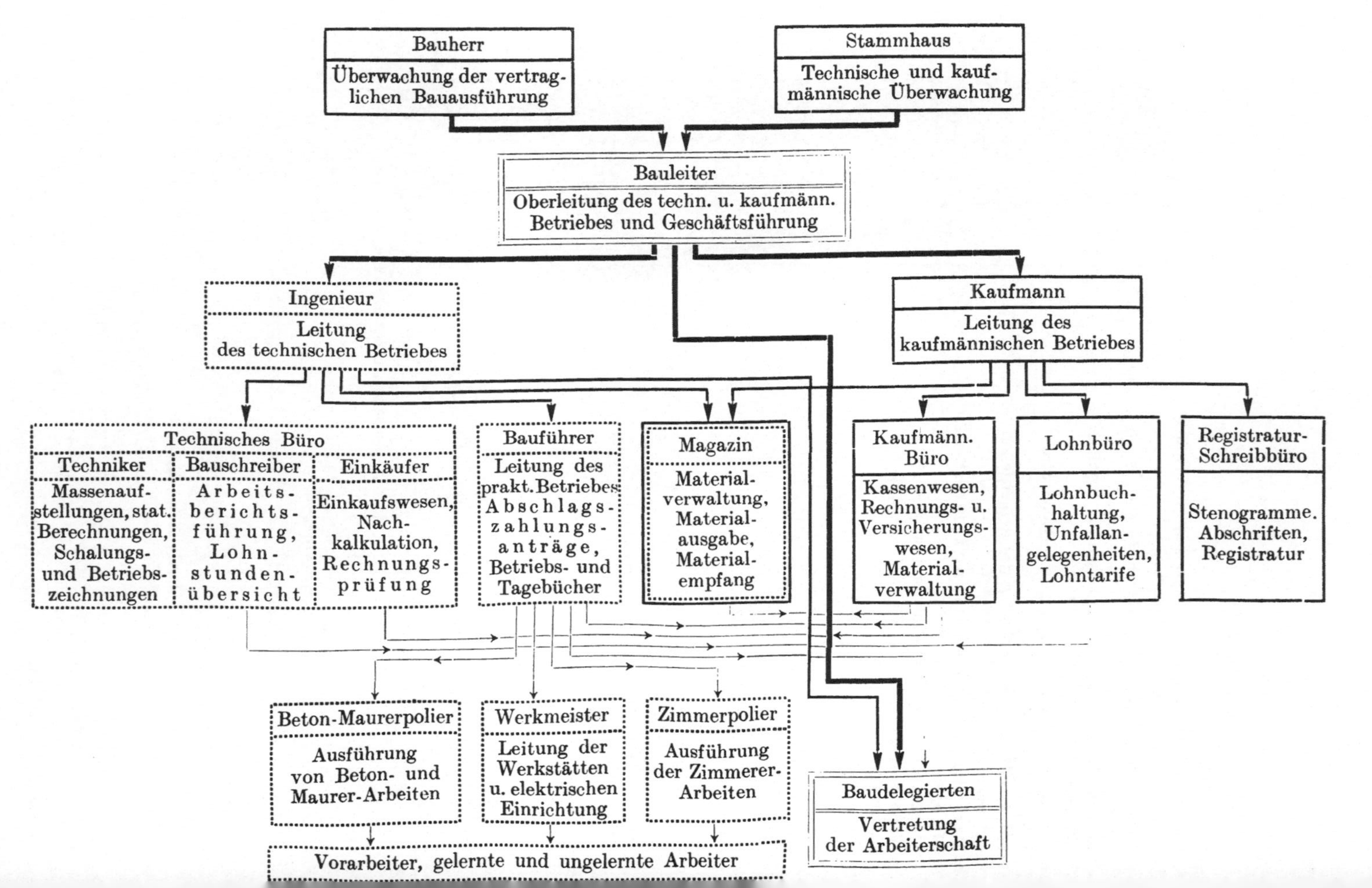
Bauherr
Überwachung der vertraglichen Bauausführung
Stammhaus
Technische und kaufmännische Überwachung
Bauleiter
Oberleitung des techn. u. kaufmänn. Betriebes und Geschäftsführung
Ingenieur
Leitung des technischen Betriebes
Kaufmann
Leitung des kaufmännischen Betriebes
Technisches Büro
Techniker
Massenaufstellungen, stat. Berechnungen, Schalungs- und Betriebszeichnungen
Bauschreiber
Arbeitsberichtsführung, Lohnstundenübersicht
Einkäufer
Einkaufswesen, Nachkalkulation, Rechnungsprüfung
Bauführer
Leitung des prakt. Betriebes Abschlagszahlungsanträge, Betriebs- und Tagebücher
Magazin
Materialverwaltung, Materialausgabe, Materialempfang
Kaufmänn. Büro
Kassenwesen, Rechnungs- u. Versicherungswesen, Materialverwaltung
Lohnbüro
Lohnbuchhaltung, Unfallangelegenheiten, Lohntarife
Registratur-Schreibbüro
Stenogramme. Abschriften, Registratur
Beton-Maurerpolier
Ausführung von Beton- und Maurer-Arbeiten
Werkmeister
Leitung der Werkstätten u. elektrischen Einrichtung
Zimmerpolier
Ausführung der Zimmerer-Arbeiten
Baudelegierten
Vertretung der Arbeiterschaft
Vorarbeiter, gelernte und ungelernte Arbeiter

A. Technischer Teil.

I. Personal.

1. Verhältnis zwischen Bauleiter, Angestellten und Stammhaus.

Wie ich später noch näher ausführen werde, ist es bei dem Umfang der Bauarbeiten naturgemäß ausgeschlossen, daß der Bauleiter selbst bis in die kleinsten Zweige seines Betriebes eine ununterbrochene Kontrolle ausübt. Er muß sich auf Stichproben beschränken und im übrigen auf seine Organe sich verlassen. Dafür ist aber erforderlich, daß er bereits in den ersten Monaten sich über sein Personal ein Urteil bildet, ob dasselbe für seine Zwecke geeignet ist oder nicht. Steigen ihm nach der einen oder anderen Richtung Bedenken auf, so soll er nicht allzu lange zögern, entweder eine Umgruppierung gemäß den Fähigkeiten der einzelnen Arbeitskräfte vorzunehmen, oder aber nicht geeignetes Personal so schnell als möglich abzulösen, da letzteres früher oder später zu großen Rückschlägen im Baubetrieb und damit zu Unannehmlichkeiten für den Bauleiter selbst führen wird, zumal die ganze Verantwortung letzten Endes doch auf ihm allein ruht. Eine derartige Reinigung läßt sich aber nur im Anfangsstadium eines Baues vornehmen, weil in diesem die an die einzelnen Angestellten herantretenden Anforderungen noch nicht derartig sind, daß ihre Umwechselung der Bautätigkeit zum Nachteil gereicht.

Hat der Bauleiter genügende Menschenkenntnis, Selbstbewußtsein und Bauerfahrung, dann sollte er das Verhältnis zwischen sich, den Bauführern und dem Kaufmann so gestalten, daß er in ihnen nicht nur die Untergebenen sondern auch seine Mitarbeiter erblickt, die zum guten Gelingen des Ganzen viel beizutragen haben. Ist der Bauleiter von der Tüchtigkeit seiner Angestellten überzeugt, so sollte er diesen für die Ausübung ihrer Tätigkeit einen möglichst großen Spielraum lassen, denn er stärkt dadurch ihr Verantwortlichkeitsgefühl und das zielbewußte Arbeiten. Andererseits werden sie alsdann ihre Tätigkeit mit dem Streben verbinden, das in sie gesetzte Vertrauen in keiner Weise zu mißbrauchen.

Hat ferner ein Angestellter das Bewußtsein, nach seinen Leistungen bezahlt zu werden, so wird er auch stets bemüht bleiben, sein Bestes herzugeben, um eine glatte Abwicklung der Bauarbeiten zu erreichen. Das Stammhaus wird die Gewißheit haben, daß eine erhöhte Leistungsfähigkeit seines Personals und Ersparnisse auf dem Bau erzielt werden, und daß ein guter Stamm von brauchbarem Personal ihm erhalten bleibt.

Man darf nicht allgemein von jedem Angestellten die hohe Wertigkeit annehmen, daß er allein aus innerem Bedürfnis heraus nur um der Arbeit willen auch jeder erhöhten Leistungsanforderung auf die Dauer selbstlos gerecht wird. Solange eine derartige Veredelung der Moral nicht allgemein vorhanden ist, und das wird sie wohl voraussichtlich niemals, solange muß auch dem Menschen äußerlich ein Anreiz gegeben werden, der hohe Moralität auslöst.

Als ungemein wichtig möchte ich alsdann noch einen Punkt näher beleuchten. Wie oft kann man die Erfahrung machen, daß Angestellte danach streben, sich auf irgendeine Weise einen Nebenverdienst zu suchen, um ihr Einkommen entsprechend aufzubessern. Die Fälle stehen nicht vereinzelt da, wo die Lieferanten versuchen, durch Bestechungen den betreffenden Angestellten zu verleiten, den Auftrag ihrer Firma zu überschreiben. Bei einem derartigen Geschäftsgebaren wird einmal von dem Angestellten seinem Arbeitgeber gegenüber immer der Schein eines korrekten Handelns vorgetäuscht, andererseits kann die Firma trotzdem dabei nicht unerheblich geschädigt werden, wenn dieses Treiben längere Zeit fortgesetzt wird. Es heißt darum auch hier, Auswahl der Tüchtigen und Zuverlässigen aus der Masse der Angestellten und ihnen durch Stellung und Gehalt die Möglichkeit geben, daß ihr eigener Ehrgeiz derartige Auswüchse gar nicht aufkommen läßt.

2. Bauleiter.

Der bauleitende Ingenieur einer Betontiefbaustelle ist das Herz der gesamten Bauausführung. Er hat sowohl die Baustelle einzurichten als auch den Betrieb zu überwachen und die Verantwortung für sämtliche Anordnungen zu tragen. Er muß demzufolge nicht nur Ingenieur, sondern auch Wirtschaftler sein, denn die Aufgaben, die an ihn herantreten, spielen auch zu einem großen Teil mit in die Verwaltung und die Tätigkeit eines Kaufmanns hinein.

Da er in dauernder Verbindung mit seinem Stammhause bleiben muß, ist die Kenntnis des heimischen Verwaltungsapparates unbedingt von ihm zu fordern, d. h. er muß darüber im klaren sein, nach welchen Gesichtspunkten der Geschäftsgang im Stammhaus zur Erledigung gebracht wird, auf welcher Grundlage Vor- und Nachkalkulationen aufgebaut werden, und wie weit er den Gerätehof seiner Firma in Anspruch nehmen kann.

Auf dem Gebiete der Gesetzgebung muß er das Betriebsrätegesetz nicht nur dem Namen nach sondern auch seine wichtigsten Paragraphen kennen, um in Verhandlungen mit den Baudelegierten sich keine Blöße zu geben, die von diesen, Hand in Hand mit den geschickt ausgebildeten Arbeitersekretären, sofort zum Schaden der Bauausführung ausgewertet wird. Verlangt wird ferner die Kenntnis der Gewerbeordnung, als deren wichtigster Paragraph wohl der § 123 anzusehen ist, welcher die fristlose Entlassung von Arbeitnehmern behandelt. Hierauf fußend, wird es dem Bauleiter oft möglich sein, sich unbequemer Elemente seiner Arbeiterschaft auf raschestem Wege zu entledigen.

Allgemein ist das Verhältnis zwischen Arbeitgeber und Arbeitnehmer durch die Mantel- und Bezirkstarife geregelt. Es ist selbstverständlich, daß diese voll und ganz von dem bauleitenden Ingenieur beherrscht werden, denn sie bilden ja die Grundlage für die fast täglich sich bietenden Gelegenheiten bei Verhandlungen mit den Arbeitnehmern. Ein gesundes Selbstbewußtsein, gestützt auf eine gute Baupraxis, erspart ihm manchen Fehlschlag. Wie der Arbeiter anzufassen ist, hängt mit von dem Menschenschlag der Gegend ab, wo die Baustelle sich befindet. Es ist z. B. ein Unterschied, ob er den schwerblütigen Norddeutschen oder den leicht erregten Berliner Arbeiter unter sich hat. Ganz allgemein ist auf jeden Fall zu fordern, daß er von Beginn der Bautätigkeit an nicht die geringsten Übergriffe während der Arbeitszeit durchgehen läßt.. Wird zu Beginn hiergegen gesündigt, so ist es schwer, einmal eingeschlichene Unregelmäßigkeiten im Dienstbetriebe später wieder auszumerzen. Die Poliere und Meister hat er demzufolge von vornherein mit Anweisungen zu versehen, die klar und deutlich den Willen und das Ziel des Bauleiters erkennen lassen. Helfen in der ersten Zeit keine mündlichen Verweise bei Übertreten der Dienstvorschriften, so ist sofort dazu überzugehen, dem betreffenden Arbeiter einen schriftlichen Verweis zu erteilen, da es später ein leichtes ist, wenn zwei schriftliche Verweise gegen einen Arbeiter vorliegen, denselben auf Grund der Gewerbeordnung § 123 aus dem Betriebe zu entfernen. Es ist hier das Sprichwort auf jeden Fall am Platze: „Was man schwarz auf weiß besitzt, kann man getrost nach Hause tragen.“ Den richtigen Weg in all diesen Fragen zu finden, erleichtert eine gute Menschenkenntnis, die unbedingt notwendig ist, um bei einem größeren Verwaltungsapparat die ihm unterstellten technischen und kaufmännischen Kräfte, auch wenn sie ihn an Jahren bedeutend überragen, von vornherein ordnungsgemäß anzuweisen und Disziplin zu halten.

Um den Verkehr mit Lieferanten bei Vergebung größerer Aufträge richtig zu führen, ist dem Bauleiter das Handelsgesetzbuch ein guter Ratgeber, da es ihn bei späteren Prozessen vor Schaden bewahren kann.

Die Unfallverhütungsvorschriften hat er auf seinem Bau genau einzuhalten, da er bei vorkommenden Unglücksfällen, die Invalidität oder Tod einer Person zur Folge haben, gegebenenfalls vor dem Richter Rechenschaft über seine Baumaßnahmen abzulegen hat.

Wie aus Obigem hervorgeht, ist das Gebiet des Bauleiters so groß, daß naturgemäß die Zeit für die rein technische Seite des Baues gering ist. Er muß sich darauf beschränken, am Tage, vor- und nachmittags je eine bis zwei Stunden den Außenbetrieb zu überwachen. Auf einem solchen Rundgang darf ihm alsdann nur wenig entgehen, damit er die Zügel der Leitung in den Händen behält. Sind Fehler eingetreten, so hat er sofort durch Anweisung einzugreifen. Bei derartigen Baukontrollen, die bei Tag- und Nachtbetrieb, von Zeit zu Zeit auch nachts erfolgen müssen, gewinnt er den Überblick, was seine ihm unterstellten Bauführer, Poliere und Arbeiter leisten, und wo Fehler sich eingeschlichen haben. Genügt eine Stelle seinen Anforderungen nicht, so hat er, lieber zu früh als zu spät, für ihre Entfernung Sorge zu tragen, da er nur dann seine Aufgabe voll und ganz lösen kann, wenn ihm tüchtiges Personal zur Seite steht. Nachgiebigkeit kann sich später auf das schwerste an ihm selbst rächen.

Es ist selbstverständlich, daß er sich auf Grund der Nachkalkulation Rechenschaft darüber abgibt, ob die einzelnen vertraglichen Arbeiten auch in dem Rahmen ausgeführt werden, daß sie eine Wirtschaftlichkeit versprechen. Diese Nachprüfung hat er von Beginn des Baues einzuführen und eine entsprechende Anweisung seinen unterstellten Bauführern zu erteilen. Daß der Bau in der vorgeschriebenen Zeit erledigt wird, hat er an Hand des Bauprogramms gleichfalls von Zeit zu Zeit nachzuprüfen.

Inwieweit er die kaufmännischen Arbeiten zu überwachen und in dieses Gebiet einzugreifen hat, werde ich noch später bei der Erörterung des Verhältnisses zwischen dem bauleitenden Ingenieur und dem Kaufmann näher ausführen.

Was sein Gehalt anbelangt, so ist auf jeden Fall von dem bisherigen Gebrauch der Firmen Abstand zu nehmen, ihm keinen festen Gewinnanteil seines Baues zuzubilligen. Der bauleitende Ingenieur hat naturgemäß ein viel größeres Interesse an der wirtschaftlichen Durchführung eines Baues, wenn er an dem Gewinn beteiligt ist, und nicht gegen festes Gehalt seine Arbeit erledigt.

3. Bauführer.

Wie bereits oben erwähnt, ist der tüchtigste Bauleiter zur Hilflosigkeit verurteilt, wenn ihm nicht auserlesenes Personal zur Seite steht, und das sind vor allen Dingen die Bauführer. Auch ihre Ausbildung erstreckt sich auf technisches und wirtschaftliches Gebiet. Der heimische Verwaltungsapparat muß dem Bauführer ebenfalls in großen Zügen bekannt sein. Da er ständig mit den Arbeitern in Berührung kommt, muß er die Lohn- und Arbeitstarife, die wesentlichen Paragraphen der Gewerbeordnung und das Betriebsrätegesetz kennen, damit er den Bauleiter nicht in Verhandlungen mit den Arbeitern durch falsche, voreilige Urteilsfassung in eine schiefe Lage bringt. Er muß mit der Psyche des Arbeiters vertraut sein, um abschätzen zu können, was er von ihm verlangen kann. Bei der Einstellung von Arbeitern ist Menschenkenntnis ein unbedingtes Erfordernis, denn wird hierbei schon die richtige Auswahl getroffen, dann kann der Bau von vornherein von unsauberen Elementen frei gehalten werden, was für den Baufortschritt ein ganz erheblicher Vorteil ist. Seine praktischen Kenntnisse müssen derart sein, daß er in der Lage ist, die Poliere anzuweisen und ihre Arbeiten zu überwachen. Wie oft habe ich Bauführer getroffen, die glaubten, daß ihre Tätigkeit erledigt war, wenn sie auf der Baustelle sich zeigten, aber es nicht für der Mühe wert hielten, sich in die einzelnen Arbeitsvorgänge hineinzudenken. Seine Tätigkeit erleichtert er sich, wenn er die Baustelle nach ganz besonderen Gesichtspunkten kontrolliert. Stellt er sich bei einem Rundgang ein Schema auf, welche Arbeiten er zu erledigen hat, dann wird es ihm nicht passieren, daß er Fehler in der Ausführung übersieht, die unangenehme Folgen nach sich ziehen können. Ein gesundes Selbstbewußtsein, auf gute Baupraxis gestützt, wird auch dem Bauführer in der Erledigung seiner Arbeiten gute Dienste leisten.

Er muß ferner in der Kalkulation so weit ausgebildet sein, daß er die einzelnen Arbeitsvorgänge nach Anweisung des Bauleiters für eine

Nachkalkulation zusammenstellen kann. Daß er ferner die täglich an ihn herantretenden Fragen in der technischen Ausführung beherrscht, ist selbstverständlich, so daß eine weitere Erörterung sich hierfür erübrigt. Sie ist außerdem aus den weiteren Kapiteln leicht zu ersehen.

4. Techniker.

Ich mache hier bewußt den Unterschied zwischen Bauführer und Techniker, da letzterer hauptsächlich für Arbeiten im technischen Büro verwendet wird. Reine Theoretiker sind für den Bau nicht so gut zu gebrauchen, da die hier zur Ausführung gelangenden Hilfsbauten mehr oder weniger mit einfachen Hilfsmitteln errichtet werden können, die der Techniker mit praktischen Kenntnissen viel zweckmäßiger entwirft, als der Theoretiker. Rasche Auffassungsgabe und selbständiges Arbeiten nach Anweisung ist anzustreben. Nach welchen Gesichtspunkten seine Arbeiten geregelt werden, werden die weiteren Ausführungen gleichfalls ergeben.

5. Poliere und Meister.

Meine Erfahrungen haben gelehrt, daß Poliere und Meister, vom Stammhaus auf die Baustelle herausgeschickt, viel leichter und besser den Arbeitern gegenüber ihre Stellung behaupten können als solche, die aus der gleichen Gegend angeworben werden, denn diese greifen bei den Arbeitern nicht genügend durch, da sie sich untereinander viel zu genau kennen. Sie sind zum größten Teil aus dem gleichen Kreise hervorgegangen und stehen demzufolge mehr oder minder unter dem starken Einfluß der Gewerkschaften. Es ist beispielsweise bezeichnend, daß mich ein Polier bei meinem Fortgang von einer von mir geleiteten Baustelle bat, falls ich in meinem neuen Tätigkeitsgebiet für ihn Verwendung hätte, an ihn zu denken, da er nicht in der Lage sei, so gegen seine früheren Kollegen vorzugehen, wie er es gerne möchte. Also auch hier stößt sich das eigene Pflichtgefühl eines Poliers gegen diese Art der Zwangsüberwachung. Man muß ferner auch bedenken, daß bei Mangel an Arbeit die Poliere und Meister oft wieder als einfache Arbeiter Stellung nehmen, um alsdann mit ihren Kollegen entweder am gleichen Strang zu ziehen oder dem Terror ausgesetzt zu sein. Daß sie das erstere vorziehen, liegt wohl klar auf der Hand.

Je besser der Polier und Meister ist, auch wenn er anscheinend dem Stammhaus durch eine gezahlte Auslösung für seine an einem anderen Ort wohnende Familie noch so teuer wird, desto größer ist die Wirtschaftlichkeit der Bauausführung, denn Bauführer, Poliere und Meister bilden das Rückgrat eines Baues.

6. Arbeiter.

Der normale Tiefbauarbeiter steht geistig unter den gesamten Arbeitern mit am tiefsten und ist demzufolge für die einzelnen Arbeiten genau auszuwählen. Es ist eine bekannte Tatsache, wenn derartige Leute zu Arbeiten herangezogen werden, die sie noch nicht gemacht haben, daß ihre Einarbeitung mit erheblichen Schwierigkeiten verknüpft ist. Eine Instruktion muß alsdann der anderen an der betreffenden Verwendungsstelle folgen, ohne jedoch innerhalb 4 Wochen erhebliche dauernde Verbesserungen zu erzielen. Auch hier ist es darum für die Firma wichtig, wenn sie sich einen gewissen Stamm von Arbeitern erzieht, die jeweils vom Stammhaus auf die betreffenden Baustellen verschickt werden, um ein Einspielen des gesamten Bauapparates zu erleichtern.

Nach welchen Gesichtspunkten der Verkehr mit den Arbeitern zu regeln ist, habe ich bereits unter den Kapiteln Bauleiter und Bauführer erwähnt. Je straffer die Zucht von vornherein auf einem Bau gehandhabt wird, desto leichteres Arbeiten wird die Folge sein. Von Erfolg ist immer, wenn nach ein, zwei Monaten die Belegschaft durch Arbeitsverminderung von unsauberen Elementen gereinigt wird. Die scheinbare Verzögerung in der Bauausführung wird durch höhere Anspannung der bleibenden Arbeiter und durch Neueinstellung von geeigneten Arbeitskräften rasch wieder wettgemacht. Man soll sich nie durch das von den Arbeitern gern an die Wand gemalte Gespenst des Streiks einschüchtern lassen. In den heute wirtschaftlich schwierigen Zeiten wird es sich jede Belegschaft des öfteren überlegen, ob sie durch einen Streik ihre Wirtschaftslage erheblich verschlechtern soll. Nachgiebigkeit den Arbeitern gegenüber wird sich später immer schwer rächen. Treten Fragen an die Arbeiterschaft heran, die von den Baudelegierten in Betriebsversammlungen zur Erörterung gelangen, so hat es sich oftmals als sehr zweckmäßig erwiesen, wenn der Bauleiter an ihnen teilnimmt und in ruhig sachlicher Weise den Arbeitern die Verhältnisse darlegt. Er soll sich jedoch darüber klar sein, daß er auf oft sehr geschickt gestellte Anfragen der Belegschaft kurze, klare Antworten geben muß, von denen viel abhängen kann. Tritt eine Einigung auf solchen Betriebsversammlungen nicht ein, so ist auf jeden Fall anzustreben, daß unter Fortführung der Arbeit die strittigen Punkte vor der Schlichtungskommission oder dem Schlichtungsausschuß baldigst zur Verhandlung gelangen.

Die Belegschaft einer Baustelle weiß schon nach kurzer Zeit Bescheid, wie weit sie sich neue Rechte auf der Baustelle ungestraft anmaßen darf, und wie weit sie anderseits auch auf die Unterstützung des Unternehmers in Fragen, wo ihr das Recht zusteht, rechnen kann. Die Klärung beider Punkte vom Beginn des Baues ab, können die Wirtschaftlichkeit nur fördern.

II. Allgemeine Einrichtung.

1. Anlieferung von Geräten und Baustoffen durch Stammhaus und Baustelle.

Es ist zu fordern, daß das Stammhaus sofort nach Einlaufen der Mitteilung, daß der Auftrag für einen Bau erteilt ist, an Hand von Listen das erforderliche Groß- und Kleingerät, Werkzeug und Baustoffe wenigstens für den ersten allgemeinen Aufbau aus dem Gerätehof zusammenstellt oder sofort einkauft, damit mit der Einrichtung der Baustelle nicht so unendlich viel Zeit verloren geht.

Der Aufbau der Baustelle ist der unproduktive Teil des Bauauftrages, darum muß ihm so viel wie irgend möglich kostbare Zeit entzogen werden. Wer große Betontiefbaustellen eingerichtet hat, weiß, daß viel Zeit immer und immer wieder mit der Materialbeschaffung verloren gegangen ist. Waren Arbeiter da, dann konnten angefangene Arbeiten entweder nicht fertig gestellt oder mußten in langsamem Tempo weitergeführt werden, bis die notwendigen Geräte, Werkzeuge, Baustoffe beschafft waren.

Welchen Bedarf eine Baustelle hat, muß dem Stammhaus und dem Bauleiter bekannt sein. Führen wir uns schon hier seine Gruppeneinteilung vor Augen, so ergibt es folgende Übersicht:

1. Das Großgerät für den Bau und die Werkstätten.
2. Elektrisches Großgerät.
3. Elektrisches Kleingerät.
4. Elektrisches Material.
5. Kleingeräte für den Bau und die Werkstätten.
6. Werkzeug für den Baubetrieb und die Werkstätten.
7. Großeisenzeug.
8. Kleineisenzeug.
9. Verschiedene Baustoffe.
10. Bauhölzer.
11. Baracken u. Werkstattbuden.

Die weitere Gliederung und Aufstellung geht aus den folgenden Kapiteln der allgemeinen speziellen Baueinrichtung hervor und kann von dort entnommen werden. Man erkennt jedoch bereits schon jetzt, wie unendlich wertvoll es ist, wenn eine derartige Einteilung auf dem Gerätehof vorhanden ist, so daß nach verhältnismäßig kurzer Zeit ein Abrollen der beladenen Waggons stattfinden kann. Eine solche Übersicht in der Hand des Bauleiters erleichtert ihm Aufbau und Einrichtung der Baustelle und verschafft andererseits durch Ersparnis an unproduktiven Löhnen dem Stammhaus Zeit und Geld für den eigentlichen Bau. Bedeutend wirtschaftlicher wird aber diese Materialbestellung noch in einer Zeit, wo alle Preise die in der Einleitung dargestellten Preiskurven nach aufwärts durchlaufen. Die schnellste Abwicklung stellt dann die beste Wirtschaftlichkeit dar.

Verlangt muß ferner werden, daß für die erste Einrichtung der Baustelle genügend Holz vorhanden ist. Entweder sind die Bauhölzer zu normalisieren, daß mit ihnen rasch auf dem Bau die Werkstattbuden und Baracken aufgestellt werden können, oder auf dem Gerätehof des Stammhauses müssen derartige zusammenlegbare Holzbaracken vorhanden sein. Ihr Zusammenschlagen und Aufstellen bedeutet die geringste Arbeitszeit, da immer und immer wieder auch hierfür durch die nachträgliche Bestellung die meiste Verzögerung eintritt.

In welcher Weise eine große Betontiefbaufirma ihren Gerätehof organisieren kann, will ich im folgenden an Hand eines Beispiels kurz erläutern. Bemerken möchte ich jedoch, daß es sich nur um eine allgemeine Erörterung handeln kann, da die Größe der Firma und die Möglichkeit der Umwandlung des bereits bestehenden Betriebes bestimmte Grenzen ziehen.

Organisation des Gerätehofes.

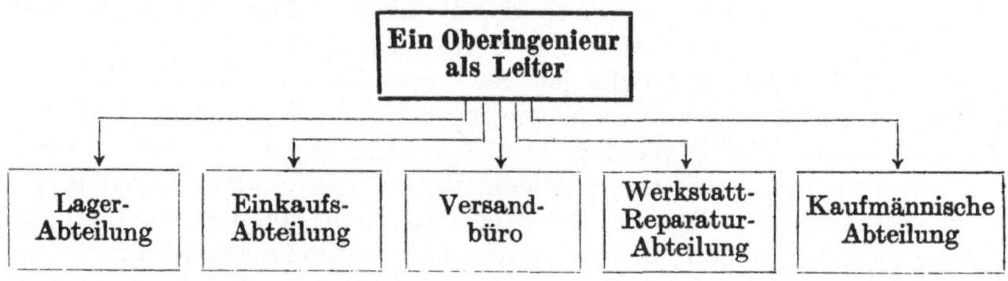

1. Lagerabteilung. Der Lagerabteilung untersteht die Verwaltung der betriebsfähigen Großgeräte, Werkzeuge, Ersatzteile, Betriebs- und sonstigen Baustoffe. Für die bessere Übersicht des Bestandes ist die Führung von Materialaus- und eingangsbüchern sowie der Lagerkarthotek unerläßlich.

2. Einkaufsabteilung. Die Einkaufsabteilung hat vor allem dafür zu sorgen, daß die auf den Baustellen benötigten Materialien so schnell als möglich beschafft werden. Darum ist es sehr zweckmäßig, wenn in dieser Abteilung ein genauer Überblick über die gangbarsten Geräte, Baustoffe usw. und über die Wirtschaftslage des Marktes besteht. Es ist vor allem zu verwerfen, erst bei Anforderungen der Baustellen entsprechende Angebote einzuholen, da hierdurch große Zeitverluste entstehen, welche wiederum hemmend auf den Baufortschritt wirken müssen. Durch die Einholung von Angeboten wird die Einkaufsabteilung bald feststellen können, mit welchen Firmen sie am vorteilhaftesten arbeiten kann. Diese Firmen sind in eine engere Wahl für alle Bestellungen zu ziehen, wodurch sich dann später die Einholung von Angeboten in größerer Zahl erübrigen wird. Wird die Einkaufsabteilung von diesen Firmen dauernd durch Vorratslisten über die greifbaren Geräte und dgl. auf dem laufenden gehalten, so ist sie in der Lage, die Bestellungen sofort weiterleiten zu können. In der Einkaufsabteilung sollen nach Möglichkeit nur Fachkaufleute tätig sein, da diese mit dem betreffenden Arbeitsfeld am besten vertraut und demzufolge in der Lage sind, gut und günstig für die Firma einzukaufen.

3. Versandabteilung. Der Versandabteilung untersteht die gesamte Abwicklung des Bahnfracht- und Postverkehrs. Auch in dieser Abteilung ist die Beschäftigung von Fachleuten zu empfehlen; kommt es doch bei der Erledigung der Bahnsendungen sehr darauf an, wie sie in den Frachtbriefen deklariert werden, da der zu zahlende Frachtsatz sich nach den verschiedenen Frachttarifen richtet. Gerade bei den heutigen enorm hohen Frachtsätzen werden sich mitunter ganz erhebliche Ersparnisse bei einer richtigen Deklarierung erzielen lassen.

4. Werkstatt- und Reparaturabteilung. Diese Abteilung übernimmt die Reparatur und Instandsetzung der sämtlichen von den Baustellen eingehenden Geräte, Maschinen und Werkzeuge oder der alt gekauften Materialien, die noch einer Durcharbeitung bedürfen. Außerdem muß dieselbe maschinell derart eingerichtet sein, daß sie in

der Lage ist, Baugeräte u. dgl. selbst auf das billigste aus eigenen Rohmaterialien herzustellen.

5. Kaufmännische Abteilung. Die kaufmännische Abteilung würde sich wiederum zergliedern

1. in die reine kaufmännische Abteilung, welche sich mit der Rechnungserteilung, Rechnungsprüfung und Verbuchung befaßt und die Kassenangelegenheiten erledigt;

2. in das Lohnbüro für die Erledigung der Arbeitereinstellungen, -Entlassungen, Krankenkassen- und Versicherungswesen, Lohnverrechnungen und sonstige lohnbuchhalterische Arbeiten.

Der Geschäftsgang unter den einzelnen Büros würde sich alsdann folgendermaßen abspielen:

Geht von der Baustelle eine Anforderung ein, so wird diese vom Leiter an die Lagerabteilung verwiesen. Ist das Material vorhanden, erhält die Versandabteilung den Auftrag zur Absendung und meldet letztere an die Lagerabteilung zurück. Diese schreibt daraufhin einen Lieferschein in vierfacher Ausfertigung. Die 1. Ausfertigung bleibt im Stammbuch. Die 2. und 3. gehen an die empfangende Baustelle. Während dieser die 2. Ausfertigung verbleibt, gibt sie nach Empfang der Sendung die 3. an die Lagerabteilung zurück, die den Eingang bei der Baustelle vermerkt. Sie leitet alsdann das 3. Exemplar des Lieferscheines an die Versandabteilung weiter, welche die entstandenen Auslagen für die Sendung feststellt. Von dort geht sie an die kaufmännische Abteilung zur Rechnungserteilung. Kommen noch Reparaturkosten hinzu, so müssen auch diese dem kaufmännischen Büro aufgegeben werden, damit eine vollständige Verrechnung erfolgen kann. Die 4. Ausfertigung geht zur Kenntnis an das Hauptbüro für die dortigen Akten.

2. Auswahl und Einrichtung des Lagerplatzes.

Bei der Wahl des Lagerplatzes ist darauf zu achten, daß derselbe möglichst zentral zu den einzelnen Arbeitsstätten liegt, damit nicht unnötige Zeit für Transportarbeiten vergeudet wird. Bei späteren Nachkalkulationen großer Baustellen hat sich fast immer herausgestellt, daß die Transportarbeiten eine verhältnismäßig hohe Bindung von Arbeitskräften darstellen.

Wenn irgend möglich, ist Bahnanschluß vorzusehen. Ist dieser nicht durchführbar, dann ist entweder Verbindung mit der Hauptbahn durch Feldbahngleise nötig, oder es sind großzügige Zufuhrmöglichkeiten für Wagen und Lastautos zu schaffen. Indirekte Anfuhr zum Lagerplatz ist jedoch immer sehr kostspielig, da alsdann dem Betriebe für diese Zeit die Kräfte entzogen werden, was sich je nach der Größe der Lieferung mehr oder weniger störend bemerkbar macht. Bei größeren Baustellen ist eine Umzäunung und Beleuchtung bei Dunkelheit zur besseren Beobachtung durch den Wächter, dem möglichst ein Wachhund beizugeben ist, anzustreben.

Der Standort der verschiedenen Baulichkeiten muß in großen Umrissen bereits vor Einrichtung des Lagerplatzes festgelegt sein. Verwandte Werkstätten sollen direkt miteinander verbunden sein, für die alsdann eine Anordnung in Hufeisenform zu empfehlen ist, da sie dem betreffenden Werkmeister eine bessere Übersicht gewährleistet. Die Beleuchtungsfrage ist in solchen Fällen auch leichter zu lösen, da oft Schmiede- und Schlosserarbeiten in 2 und 3 Schichten auf Baustellen erledigt werden müssen. Die Baracken für die Handwerker sind in unmittelbarer Nähe ihres Beschäftigungsortes aufzustellen. Die Baracken der übrigen Arbeiter sind möglichst in großer Entfernung von den Werkstätten anzuordnen, um Übergriffe, wie Diebstähle usw., zu erschweren.

Der Standort des Magazins ist so zu wählen, daß es zur Baustelle und zu den Werkstätten möglichst zentral gelegen ist. Muß das Magazin aus örtlichen Gründen weiter entfernt aufgestellt werden, so kann das hauptsächlichste Werkzeug für Schlosser- und Schmiedearbeiten in einem besonderen Raum bei dem betreffenden Werkmeister untergebracht werden.

Bei der Anlage der elektrischen Zentrale für Licht und Kraft ist darauf Rücksicht zu nehmen, daß die Leitungen von ihr zu den Verwendungsstellen im Interesse der Materialersparnis möglichst kurz gehalten werden. Sämtliche Hauptschalter für Kraft- und Lichtstrom müssen nur von der Zentrale aus zu bedienen sein.

Das Baubüro ist so aufzustellen, daß es von jeder Arbeitsstätte leicht erreichbar ist, und man von ihm aus auch die Baustelle gut übersehen kann. Die Polierbaracke liegt am besten möglichst nahe dem Baubüro, um das Hand-in-Hand-Arbeiten von Bauführern und Polieren bei Erörterung der Bauzeichnungen usw. zu erleichtern. Aborte sind in genügender Anzahl in der Nähe der Arbeitsstätten anzuordnen, um unnötige Zeitverluste zu ersparen. Es ist für mindestens 20 Arbeiter je ein Abort vorzusehen; lieber eine Anzahl Aborte mehr, als später durch das Warten der Arbeiter aufeinander Lohnverluste zu haben. Beispielsweise ist eine Kolonne von 4 Mann bei Transportarbeiten größerer und schwererer Gegenstände durch das längere Austreten eines Arbeiters ebenfalls zum nutzlosen Warten verurteilt.

Wesentlich ist, daß der Lagerplatz mit den Werkstätten, dem Magazin und der Baustelle durch Feldbahngleise, mit Haupt- und Stichgleisen, untereinander verbunden ist, da alsdann die, eine erhebliche Anzahl Arbeitskräfte bindenden, Materialtransporte verbilligt werden können. Eine großzügige Transportgleisanlage macht sich auf größeren Baustellen immer bezahlt.

3. Aufbau des Baubüros.

Wie im vorigen Kapitel bereits erwähnt, muß das Baubüro so liegen, daß es von allen Seiten leicht erreichbar und zu gleicher Zeit die Baustelle vom Zimmer des Bauleiters und der Bauführer zu übersehen ist, da eine Kontrolle auch während des Innendienstes dadurch immer gewährleistet bleibt. Die Größe des Baubüros hängt von dem Umfang der Baustelle ab, da nach dieser die Personalfrage geregelt werden muß.

Eins ist hier auf jeden Fall festzuhalten, wogegen während der Einrichtung der Baustelle oft gesündigt wird: es sollte dem Bauführer während dieser Zeit stets ein Bauschreiber zur Verfügung stehen. Eine unordentliche Führung der Tages- und Betriebsbücher rächt sich meistens sehr schwer, da man sich später der vorliegenden Tatsachen oft nicht mehr entsinnen kann. Viele seinerzeit unwichtig erscheinende Dinge können im Verlauf des Baues große Bedeutung annehmen.

Die Anzahl der Räume schwankt zwischen vier und sechs. Für die technische Abteilung kommt ein Zimmer für den Bauleiter, ein Raum

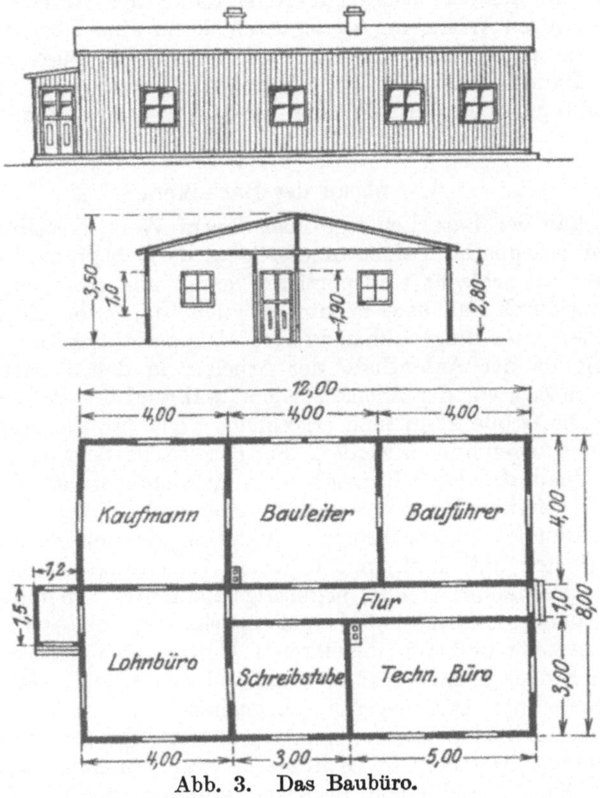

Abb. 3. **Das Baubüro.**

für den bzw. die Bauführer und ein technisches Büro zur Anfertigung von Bauzeichnungen in Frage. Für die kaufmännische Abteilung ist ein Zimmer für den Buchhalter, ein Raum für das Lohnbüro und ein Raum für die Schreibhilfe mit der Registratur herzurichten, da die Geräusche der Schreibmaschine sehr störend auf die Erledigung anderer Arbeiten einwirken. In diesem Raum kann auch der Hauptfernsprechanschluß angebracht werden. Ein Nebenanschluß ist für den Bauleiter auf größeren Baustellen vorzusehen. Helle behagliche Räume tragen auf jeden Fall viel zur Arbeitslust bei. Wie die beigefügte Skizze (Abb. 3) besagt, ist das Baubüro für größere Baustellen mit

12 × 8 m, für kleine mit 8 × 8 m Grundfläche vorzusehen, und zwar so einheitlich in doppelt verschalten Tafeln zerlegbar, daß eine 8 × 8-m-Baracke durch Einschaltung von Zwischentafeln in eine solche von 12 × 8 m Grundfläche vergrößert werden kann. Derartige Bürobaracken können alsdann auf allen Baustellen wieder verwendet werden.

Die Verteilung der Räume geht aus der Grundrißanordnung hervor, so daß links und rechts vom Bauleiter der Kaufmann bzw. die Bauführer nebst Bauschreiber sich befinden. Das Lohnbüro kann an der Stirnseite ein Schiebefenster zur Abfertigung der Arbeiter erhalten. Um dieses gegen Witterung zu schützen, kann eine Überdachung mit Windschutz angeordnet werden. Das technische Büro muß einen größeren Raum einnehmen, um Licht für zeichnerische Arbeiten zu haben, und um anderseits Zeichen- und Aktenschrank aufstellen zu können.

4. Aufbau der Baracken.

Beim Bau der Baracken lege man darauf Wert, dieselben in nicht zu großen zerlegbaren Tafeln anzufertigen, da sich große und schwere Platten einmal schlecht transportieren lassen und anderseits eine Beschädigung durch Fall usw. leichter möglich ist, wovon die Häufigkeit der Wiederverwendung abhängig ist. Doppelte Schalung ist nicht notwendig, da der Aufenthalt der Arbeiter in den Baracken immer nur kürzere Zeit vor der Arbeitszeit und während der Pausen in Frage kommt. Die Größe kann man errechnen, wenn pro Mann 0,75—1 qm Grundfläche angenommen werden. Für elektrische Beleuchtung rechnet man pro Quadratmeter 1 Kerzenstärke. Aufsichtspersonal, Poliere und Vorarbeiter, ferner Handwerker und Arbeiter sind am besten in getrennten Räumen unterzubringen. Je mehr man ungelernte und gelernte Arbeiter mit ihren verschiedenen Gegensätzen auch räumlich dauernd voneinander trennt, begünstigt man ihre Uneinigkeit untereinander, denn die Kluft zwischen Zimmerleuten, Schlossern und Monteuren einerseits und den ungelernten Tiefbauarbeitern anderseits ist bekanntlich noch immer groß gewesen und aus ihrer Uneinigkeit kann der Bauleiter manchen Sieg für sich buchen.

Auch die Arbeiterbaracken (s. Abb. 4) versuche man möglichst zu normalisieren. Als kleinste Grundfläche wähle man 4×4 m und als größte 4×8 m. Die kleinen Baracken kommen für Vorarbeiter und gelernte Arbeiter, wie Maurer, Schlosser und Monteure, die fast immer nur in kleinerer Anzahl auf einer Baustelle vorhanden sind, in Frage. Die größeren Baracken sind für ungelernte Arbeiter und Zimmerleute bestimmt. Die Polierbaracke erhält eine Trennwand, um noch einen Raum zu gewinnen, in dem auf einem großen Tisch Skizzen und Bauzeichnungen ausgebreitet werden.

Die kleinen Baubuden können bis zu 20, die großen bis zu 40 Mann als Belegschaft aufnehmen. Ein weiterer Grund, der zu diesen Abmessungen führt, ist noch der, daß beim Betonieren in mehreren Schichten jede Schicht, in schwankender Stärke von 25—40 Mann, seinen eigenen Unterkunftsraum erhält.

Sämtliche Räume sind verschließbar anzuordnen. Während der Arbeitszeit hat der Bauwächter für das Reinigen der Buden und das Anwärmen des Essens der Arbeiter zu sorgen. Für das letztere ist in einem besonderen Raum ein Wärmeofen vorzusehen, der aus einem gemauerten Herd mit einem 30 cm hohen Eisenblechkasten besteht, der

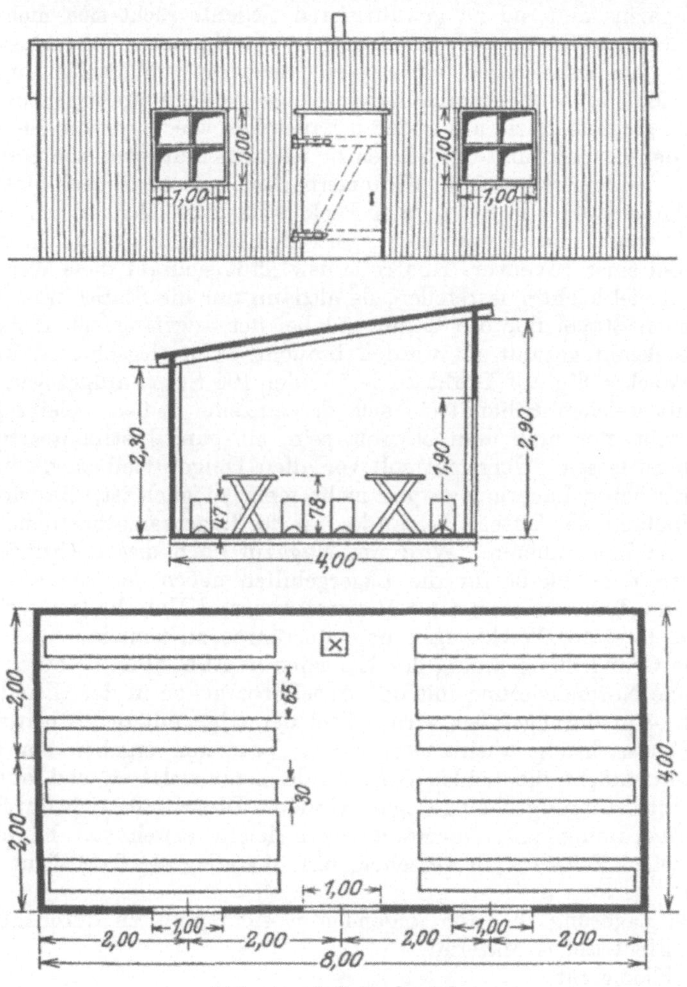

Abb. 4. Arbeiterbaracke.

mit Wasser gefüllt wird. Durch die Feuerung wird das Wasser in diesem Bassin zum Kochen gebracht, wodurch die in ihn gestellten Töpfe mit Essen, Kaffeeflaschen usw. gut erwärmt werden.

5. Aufbau des Magazins.

Schon die Grundrißanordnung des Magazins ist von größter Bedeutung für die schnelle Abwicklung der Ausgabe, der Nachkontrollen und späteren Inventur von Geräten, Werkzeugen und Materialien. Von vornherein muß man sich darüber klar sein, was man alles ins Magazin hineinnehmen will. Man muß sich mit den Abmessungen und den Gewichten der einzelnen Gegenstände vertraut machen, um einmal nicht unnötigen Raum zu vergeuden, und um anderseits die Übersicht des Magazins dauernd zu gewährleisten. Nichts rächt sich mehr, als ein unübersichtliches, schlecht eingerichtetes Magazin. Zeitverluste für spätere Nachbestellungen, ein ewiges Umstapeln und Packen sind die Folge. Man sollte keinesfalls die einmalige große Ausgabe scheuen, da man ein gutes Magazin auf anderen Baustellen wieder verwenden kann.

In den Stapeln und den einzelnen Regalen muß peinliche Ordnung walten. Bolzen, Schrauben, Klammern usw. müssen in ganz bestimmter Folge entweder in Stück oder Pack, von je 20 oder 30, ganz gleich wieviel, wenn immer nur wieder die gleiche Zahl auftritt, gestapelt sein. Bei einer Inventur, Kontrolle usw. läßt sich auf diese Weise der Bestand viel leichter feststellen, da alsdann nur die Stapel, beim angebrochenen Stapel nur die Reihe und bei der angefangenen Reihe nur die Stückzahl gezählt zu werden braucht. Unterlegscheiben werden z. B. zweckmäßig auf Draht zu je 50 oder 100 Stück aufgezogen. Wie und mit welchen Hilfsmitteln sich der einzelne bedient, bleibt jedem freigestellt, nur muß man bestrebt sein, ein ganz bestimmtes System walten zu lassen. Übersicht soll vor allen Dingen bleiben, da bei unübersichtlicher Lagerung es gar nicht mehr möglich ist, die wirkliche Verschiebung des Materialbestandes mit der Lagerkartothek ohne große Mühe zu kontrollieren. Wird ein Magazin nach diesen Grundsätzen organisiert, so bleibt für die Lagergehilfen neben der Ausgabe noch genügend Zeit, um einfachere Reparaturen und Unterhaltungsarbeiten an den Geräten, Werkzeugen usw. ausführen zu können.

Die Grundrißanordnung des Magazins (s. Abb. 5) ist so aufzuteilen, daß eine Normalisierung mit den Arbeiterbaracken in der Grundfläche von 4×8 m durchgeführt wird. Zwei derartige mit der Stirnwand in der Längsrichtung aneinandergestellte Baracken ergeben ein großes Magazin, indem die beiden Stirnwände herausgelassen und nur Zwischenunterstützungen eingezogen werden. Dieses läßt sich durch weitere Anordnung von Normalbaracken leicht erweitern. Es ist mit zahlreichen Fenstern zu versehen, um überall gutes Tageslicht zu erhalten.

Die Lagerung ist nach folgenden Gesichtspunkten durchzuführen:

a) Elektrisches Material,
b) Kleingerät,
c) Werkzeuge,
d) Kleineisenzeug,
e) sonstige Baustoffe.

Für Motoren und andere schwere Gegenstände, wie Drahtseile, Flaschenzüge usw., die im Magazin aber aufbewahrt werden müssen, ist es zweckmäßig, von dem vor dem Magazin entlanglaufenden Transportgleis ein Stichgleis mit Hilfe einer Drehscheibe ins Magazin hineinzuführen, um zeitraubenden Handtransport auf Rollen usw. zu vermeiden.

Die zurzeit auf dem Bau nicht verwendeten Großgeräte werden in einem offenen Schuppen mit Gleisanschluß neben dem Magazin untergebracht. Die Betriebsstoffe, wie Öle, Fette, Benzin, Petroleum usw., sind in einem unterirdischen Raum gleichfalls mit Gleisanschluß neben dem Magazin zu lagern.

Je nach der Größe der Baustelle besteht das Personal aus einem Lagerverwalter und einem bis drei Lagergehilfen. Dem Lagerverwalter untersteht die Lagerbuchführung und die Verwaltung des Magazins.

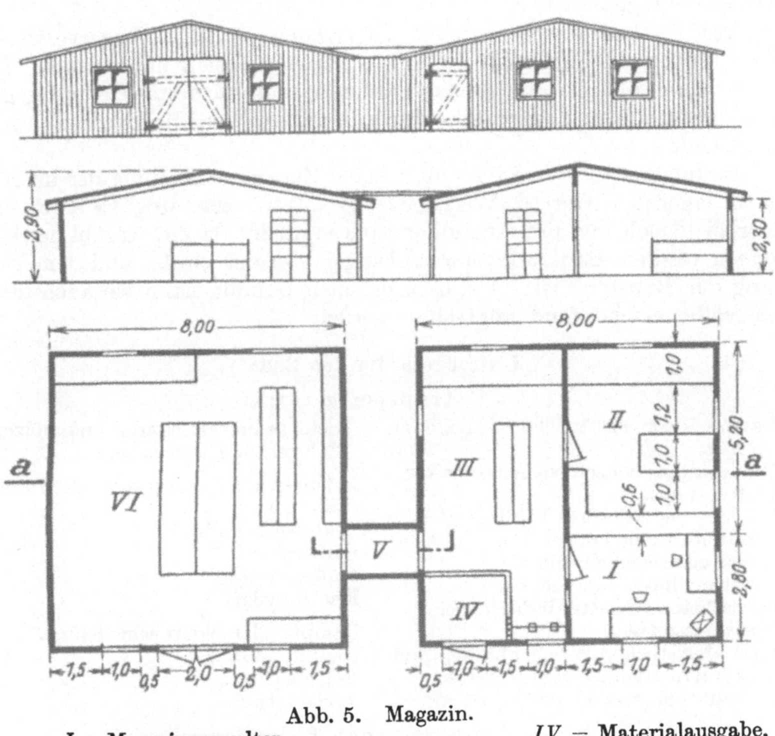

Abb. 5. Magazin.

I = Magazinverwalter,
II = wertvolle Baustoffe und Werkzeuge,
III = Lagerraum für den täglichen Bedarf,
IV = Materialausgabe,
V = Durchgang,
VI = Vorratsraum.

Es ist also bei seiner Wahl äußerst vorsichtig zu Werke zu gehen, da ein nicht geeigneter Verwalter das größte Unheil anrichten kann. Aus dem Grunde muß sich besonders der Bauleiter innerhalb der ersten 14 Tage von seiner Brauchbarkeit überzeugen. Auf die Art der Lagerbuchführung komme ich in dem technisch-kaufmännischen Teil später noch ausführlich zurück. Außer dieser Tätigkeit hat der Lagerverwalter die eingehenden Lieferungen an Hand der mitgesandten Lieferscheine zu prüfen und die Eintragungen zu machen. Die Lagergehilfen haben für eine schnelle Abwicklung der Magazingeschäfte und für die Instandhaltung der lagernden Gegenstände zu sorgen. Werkzeuge und Materialien müssen getrennt quittiert werden. Die Empfangsbescheinigung für erhaltenes Material bleibt im Magazin und wird, nachdem dieselbe vom Meister bzw. Polier gegengezeichnet ist, als Unterlage für das Ausgabebuch benutzt. Auf dem Bestellschein muß die Art der Verwendung vermerkt sein, um die spätere Kontierung und Nachkalkulation zu erleichtern. Für die Buchung im Magazin bedient man sich je einer Kladde für die Aus- und Eingänge. Alsdann wird die Kartothek geführt, für die als Unterlage die Lieferscheine und Materialempfangsbescheinigungen dienen.

Aus vorstehendem ist schon zu ersehen, daß der Lagerverwalter einen neben der Ausgabe liegenden Raum für sich haben muß. Die Materialausgabe für die Arbeiter ist geräumig zu gestalten und gegen den eigentlichen Lagerraum durch aufklappbare Holzplatten abzuschließen.

In folgendem führe ich eine genaue Zusammenstellung der im Magazin lagernden Geräte, Werkzeuge, Baustoffe usw. auf. Es kann sich hierbei jedoch nur um eine allgemeine handeln, da die Anzahl der einzelnen Geräte, Baustoffe usw. abhängig von der Größe und dem Umfang der Baustelle ist. Aus dem gleichen Grunde kann sie auch nicht als völlig erschöpfend angesehen werden.

I. Großgerät für den Bau:*)

1. Transportgerät:

Dampf- oder elektrische Zuglokomotiven.
Muldenkipper verschiedenen Inhaltes.
Plateauwagen.
Leichtes und schweres Feldbahngleis in verschiedenen Längen, auf hölzernen und eisernen Schwellen.
Weichen, links und rechts.
Drehscheiben, Kletterdrehscheiben.
Auffahrtsspitzen.
Lose Herzstücke, Weichenböcke, Zungenvorrichtung, Zwangsschienen.
Gleiszubehör, wie Laschen, Schrauben, Schienennägel, eiserne und hölzerne Schwellen, Kurvenspanner.

Aufzugswinden, elektrische oder Dampf-Kabelwinden.
Lokomotivwinden.
Fußwinden.
Topfschrauben.
Flaschenzüge.

Dampf- oder elektrische Kräne.
Handdrehkräne.
Derrickkräne.
Auslegerbäume.

2. Großgeräte für den Betonbetrieb:

Betonmaschinen, fahrbare oder feste, mit elektrischem oder Dampfantrieb (Zeitmischer oder Dauermischer).
Wasserbehälter, kleine und große, für Wasserreserve.
Wasserpumpen mit elektrischem oder Dampfantrieb.

Ferner für Gußbeton:
Förderschalen.
Aufzugskästen, selbsttätige.
Rinnen.
Rinnenzubehör, wie: Rinnenköpfe, Rinnenzwischenteile, Rinnendrehköpfe für eiserne und hölzerne Rinnen, Rinnenendstücke, Abzweigkästen.
Tropfkästen.

3. Antriebsmaschinen:

Lokomobilen.
Motoren, Dreh- oder Gleichstrom, mit Anlasser.
Benzin- oder Ölmotoren.

4. Ersatzteile für das Großgerät.

*) Anm.: Die Großgeräte für die einzelnen Werkstätten sind unter II b aufgeführt, so daß der Wiederholung wegen diese hier in Fortfall kommen.

II. Elektrisches Großgerät:

Umformer.
Motoren, Dreh- und Gleichstrom (einschließlich Gleitschienen mit Spannschrauben und Befestigungsschrauben).
Anlasser.
Schalttafeln, fertig montiert.

III. Elektrisches Kleingerät ist unter II 7 aufgeführt.

IV. Elektrisches Material ist unter II 7 aufgeführt.

V. Kleingeräte und Werkzeug für den Bau.

a) Für die Einrichtung:

Drahtseile verschiedener Stärke und Schmiegsamkeit.
Seilkauschen.
Drahtseilstropps.
Backenzähne oder Seilklemmen.
Schäkel.
Seilrollen, ein-, zwei- oder dreifach.
Laufkatzen.
Umleitrollen.
Kopfrollen für Aufzüge usw.
Seilblöcke, ein-, zwei- oder dreischeibig.
Fußblöcke, aufklappbare.
Gleitrollen verschiedener Breite.
Spannschrauben.
Spleißgeschirr.

Hanftaue.
Stropps.
Kauschen.
Schäkel.
Taukloben, ein-, zwei-, dreischeibig.
Spleißgeschirr.

Ketten.
Kettenglieder und Ringe.
Haken.
Schäkel.

Wasserleitungsrohre verschiedener Durchmesser.
T-Stücke.
∢-Stücke.
Muffen.
Reduzierstücke.
Nippel.
Verschraubungen.
Zapfhähne.
Bogenstücke.
Krümmer.

Beschläge für Masten und Ausleger.
Aufreitgalgen.
Gerätlaschen.
Verankerungsbügel.
Gerüstverschiebewalzen, einfache und doppelte.

Wellen verschiedenen Durchmessers.
Wellenkuppelungen.
Verschiedene Lager (Stehringschmier- und deutsche Lager).
Stellringe.
Riemenscheiben, einfache, volle und leere, aus Holz oder Eisen.
Riemenspanner.
Riemenverbinder.
Riemenausrücker.
Treibriemen verschiedener Breite, Stärke und Länge.

Leitern verschiedener Länge.
Treppen.
Gerüstböcke.
Werkzeugkästen.
Schränke.
Vorhängeschlösser.
Alarmglocken.
Bauöfen mit Zubehör.
Schubkarren.
Sturmlaternen.
Karbidlampen, große und kleine.

b) Für den Betonbetrieb:

Stampfer.
Betonkellen.
Glättkellen.
Spitzkellen.
Spachtel.
Gießkannen.
Zinkeimer.
Betonbalgen.
Maurerkufen oder Nägel.
Maurerspaten.
Maurerhämmer.
Betonrührer.
Rinnenreiniger.
Mischbleche.
Flachmeißel.
Spitzmeisel.
Sternbohrer versch. Größe, Durchm. 38 bis 80 mm.
Fäustel, 1—$1^1/_2$ kg.
Vorschlaghämmer.
Brechstangen.
Kreuzhacken.
Spaten versch. Form.
Schaufeln versch. Form.

Steinschlaggabeln.
Reiserbesen.
Stahlbürsten.
Stahlkeile.
Schalungseisen.
Nageleisen oder Bärentatzen oder Kuhfuß.
Schraubzwingen.
Bindezangen.
Drahtscheren.
Handeisenbieger.
Drahtspanner.
Karabinerhaken.
Bauklammern versch. Größe und Form
Kleine und große Lote.
Lotschnur von 10—15 m Länge.
Wasserwagen, kurze und lange.
Eiserne Winkel.

c) Allgemeines Kleingerät und Werkzeug:*)

Theodolit.
Nivellierinstrument.
Visierkreuze.
Winkelspiegel.
Nivellierlatte.
Meßlatten.
Meßketten.
Bandmaße.
Fluchtstäbe.

Ölkannen von 5—20 l Inhalt.
Hölzerne und eiserne Fässer.
Schmierkannen.
Faßpumpen.

Feuerlöschgeräte.
Verbandskasten.

Pinsel.
Leimtöpfe.
Lötlampen.

Stichsägen.
Fuchsschwänze.
Hand- und Spannsägen.
Schrotsägen.
Spiralbohrer, 10—35 mm Durchm.
Spitzbohrer, 10—35 mm Durchm.
Zentrumsbohrer, 10—35 mm Durchm.
Frittbohrer, 3—10 mm Durchm.
Lattenhämmer.
Beile (Breitbeile).
Äxte.
Stemmeisen.
Hobel.
Schraubenzieher.
Kneifzangen.
Zimmermannswinkel.
Mutternschlüssel, $1/2$—$1 1/4''$.
Schleifsteine.

VI. Material für den Bau, die Schmiede und Schlosserei.

1. Großeisenzeug:

Bandeisen, Eisenblech, Flacheisen, Rundeisen, } Größe und Abmessungen je nach Bedarf.

Winkeleisen, Vierkanteisen, } Größe und Abmessungen je nach Bedarf.
Werkzeugstahl, ∅, [], □.

2. Kleineisenzeug:

Anschweißenden von 13—18 mm Durchmesser.
Blechnieten, lange und kurze.
Gitternieten.
Kesselnieten.
Verschiedene Nieten.
Bauschrauben, 200—800 mm lang, Durchmesser 15—25 mm.
Holzschrauben.
Maschinenschrauben.
Muttern.
Schloßschrauben.
Schlüsselschrauben.
Unterlegscheiben.

Hütchenschrauben.
Bauklammern.
Schalungsklammern.

Schalungs- und Bindedraht.
Schweißdraht.
Verzinkter Eisendraht.
Nägel, 1—9'' (Schalungsnägel 2—$3 1/2''$).
Pappnägel.
Schmiedenägel.
Splinte.
Sägeblätter.
Lötzinn.

VII. Verschiedene Baustoffe:

Zement.
Baugips.
Kalk.
Lehm.

---

*) Anm.: Das Kleingerät und Werkzeug für die Werkstätten und für die elektrische Einrichtung ist unter II 6 und 7 aufgeführt.

Ton.
Farben.
Klingerit.
Asbesttafeln, -Schnur.
Gummi für Rohrpackungen.
Hanf für Dichtungen.
Mennige.
Tischlerleim.
Leinöl.
Firnis.
Benzin.
Benzol.
Petroleum.
Spiritus.
Brennöl.
Maschinenöl.
Zylinderöl.
Motorenöl.
Teer.
Staufferfett.
Putzwolle.
Putzlappen.
Pappe.
Teerpappe.
Sandpapier.
Schmirgelleinen.
Seife.
Sauerstoff.
Karbid.
Riemenwachs.

6. Aufbau der Werkstätten.

a) Zimmerei, Schreinerei. Auf einer großen Betonbaustelle muß auf die Zimmerei und Schreinerei großes Gewicht gelegt werden, um eine einwandfreie Schalung für das Bauwerk selbst zu erhalten. Die Anfertigung der Schalung und das Aufstellen ist beim Betonbau mit die Hauptarbeit, von dem wiederum die Wirtschaftlichkeit der Betonarbeiten im größten Maße abhängig ist. Die Schalungsarbeiten sind auf der Baustelle zu erledigen, da sie von Fall zu Fall gelöst werden müssen. Das Stammhaus kann sich mit dieser Frage wenig oder gar nicht beschäftigen.

Ein großer, nach einer Seite hin offener Schnürboden mit freitragendem Dach ohne Mittelstützen ist anzustreben. Für die Herstellung der Schalung ist es eine große Erleichterung, wenn dieselbe genau nach Zeich-

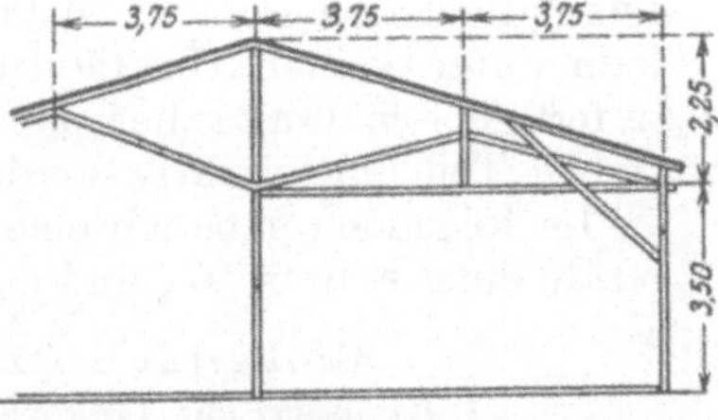

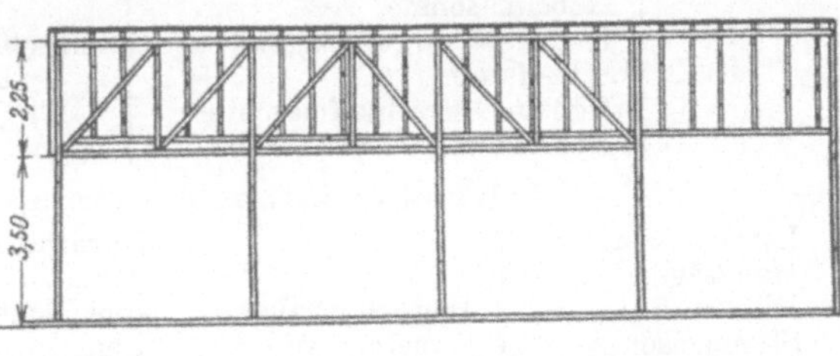

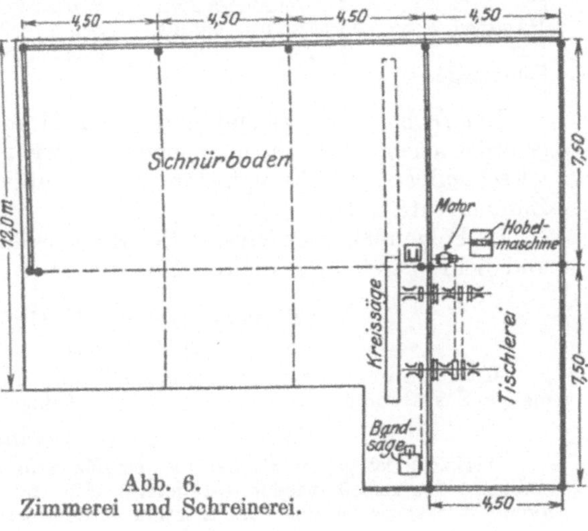

Abb. 6.
Zimmerei und Schreinerei.

nung aufgeschnürt und angefertigt werden kann. Nichts ist kostspieliger und demzufolge unwirtschaftlicher als ein Umändern oder Herrichten der Schalung erst beim Aufstellen.

Die Art der Zimmerei und Schreinerei geht aus der beiliegenden Grundrißordnung nebst Quer- und Längsschnitt hervor (s. Abb. 6).

Die Belegstärke an Zimmerleuten kann sehr verschieden sein, sie richtet sich nach der Größe der zu bewältigenden Arbeit. Von Vorteil ist, wenn dauernd dieselben Leute auf dem Schnürboden, beim Aufstellen der Schalung usw. beschäftigt bleiben. Nicht immer soll man sich leiten lassen von dem Standpunkt, durch Mehreinstellung von Leuten auch eine dementsprechende Mehrleistung zu erzielen. Die Anzahl der Zimmerleute für eine bestimmte Arbeit hat in ihrer Wirtschaftlichkeit seine Grenzen. Genügt trotzdem die Arbeitsleistung innerhalb der Tagschicht nicht, dann greife man lieber zur 2. Schicht, denn unter keinen Umständen darf der Betonbetrieb wegen Mangel an fertiger Schalung ruhen, weil dadurch der Bau durch die alsdann zum großen Teil unproduktiv werdenden Löhne ungünstig belastet würde.

Im folgenden gebe ich eine Übersicht über die erforderlichen Großgeräte einer Schreinerei und das Handwerkszeug für den Zimmermann.

Großgerät der Zimmerei und Schreinerei:

1 Bandsäge mit Lötapparat, 1 Hobelmaschine, 1 Kreissäge mit Schlitten, 1 Schleifstein, 1 Hobelmesserschleifmaschine, 1 Hobelbank.	einschl. Antriebsmaschine und Vorgelege.

Handwerkszeug des Zimmermanns:

Latthammer. Handsäge. Winkeleisen. Stemmeisen. Stichaxt. Handbeil. Axt. Schrotsäge.	Werden im allgemeinen von den Zimmerleuten selbst gestellt.	Schrothobel. Doppelhobel. Vorschlaghammer. Schaleisen. Wasserwage. Schränkeisen. Handsägenfeile.	Werden im allgemeinen von den Zimmerleuten selbst gestellt

Um nicht jeden Abend und jeden Morgen aus dem Magazin die erforderlichen Werkzeuge abzugeben oder zu entnehmen, stellt man verschließbare Werkzeugkisten und -schränke für die betreffenden Zimmerleute auf.

Im Folgenden gebe ich eine Betriebsvorschrift für die in der Zimmerei und Schreinerei aufgestellten Maschinen:

Betriebsvorschrift für Zimmerei.

a) Personal:

Jeder Arbeiter hat pünktlich und regelmäßig zum Dienst zu erscheinen. Mehrmaliges Zuspätkommen und unentschuldigtes Fehlen wird mit Entlassung bestraft.

b) Werkzeug und Maschinen.

Werkzeug ist gegen Marke aus dem Magazin zu entnehmen und nach Beendigung der Arbeit wieder abzuliefern. Für mutwillig zerbrochene oder verlorene Werkzeuge ist der Arbeitnehmer verantwortlich.

Die Maschinen sind mit größter Sorgfalt zu bedienen und nach Gebrauch auszuschalten. Sie müssen täglich einmal geschmiert und wenigstens wöchentlich einmal gereinigt werden.

Transmissionen, Vorgelege und Motore sind wöchentlich zweimal zu ölen. Unbefugten ist das Arbeiten an den Maschinen verboten.

c) Motore.

(Vorschrift richtet sich danach, ob Dreh- oder Gleichstrom verwendet wird. Vgl. dieselbe unter II 7.)

b) Schmiede und Schlosserei. Die Schmiede und Schlosserei ist möglichst so aufzustellen, daß große Transporte vermieden und schnelle Reparaturen vorgenommen werden können. Ihre Einrichtung kann für eine große Baustelle nicht großzügig genug angelegt werden. Die Richtschnur muß für den Bauleiter sein: „Sich unabhängig machen vom Stammhaus und Lieferanten.“ Wie oft hat die Praxis ergeben, daß nur dadurch die unangenehmen Krisen im Baufortschritt verhindert werden konnten, wenn die in Frage kommenden Baugeräte und Hilfsmittel auf der Baustelle selbst, in der Schmiede und Schlosserei, hergestellt oder zusammengestellt wurden.

Die folgende Übersicht gibt Aufschluß über die notwendigen Großgeräte, auf deren Anschaffung man möglichst bestehen soll:

A. Schlosserei:*)

1 Drehbank mit Zubehör:
- 1 Drehbankfutter,
- 1 Mitnehmerscheibe,
- 1 Achtscheibenfutter,
- 1 Planscheibe,
- 2 Drehbankspitzen,
- 2 Limetten,
- 16 Wechselräder,
- 1 Patentstahlhalter,
- 8 Drehbankherze (Satz),
- ca. 6 naturharte Drehstähle,
- ca. 4 naturharte Bohrstähle,
- gew. Drehstähle, gew. Bohrstähle } nach Bedarf.

1 Hobelmaschine, 500 mm Hub, mit Zubehör:
- ca. 6 naturharte Hobelstähle,
- gew. Hobelstähle (nach Bedarf),
- ca. 2—3 Nutenstähle.

1 Maschinenschraubstock, Backenweite bis ca. 300 mm.

1—2 Säulenbohrmaschinen, 40 mm bohrend, mit Zubehör:
- 4 Zweibackenbohrfutter,
- 1 Vierbackenbohrfutter,
- 1 Konusreduktion.

1 Eisenkaltsäge mit Bügelbetrieb.
1 Schmirgelschleifmaschine mit Abziehvorrichtung.
1 Schleifstein mit Trog.
1 Hebellochstanze.
1 Hebelschere.
1 Autogenschweißapparat.
1 Feldschmiede.
1 Richtplatte.
1 große elektrische Handbohrmaschine, bis 32 mm bohrend.
1 kleine elektrische Handbohrmaschine, bis 15 mm bohrend.
1 Klempner-Sperrhaken.

B. Schmiede:*)

2—4 Ambosse mit Klotz (200—400 kg schwer).
1 Lochplatte.
1—2 Schmiedeessen mit je
- 2 Feuer,
- 2 Wasserkasten,
- 1 Motorgebläse.

1 Stockschraubstock.
1 Ringhorn.

Wie die Zusammenstellung schon ersehen läßt, ist bewußt der Unterschied gemacht zwischen Schmiede und Schlosserei. Diese Trennung

*) Dazu gehörig das Vorgelege mit Wellen, Riemenscheiben, Treibriemen, Lagern usw.

ist notwendig, da großen Raum beanspruchende Arbeiten an den Schmiedefeuern leicht die anderen Arbeiten stören können und außerdem die anderen Geräte zu sehr der Verschmutzung sonst ausgesetzt werden.

In der nebenstehenden Zeichnung (Abb. 7) habe ich versucht, eine Norm für eine Schmiede- und Schlossereiwerkstätte festzulegen. Während die eine Längsseite möglichst breite und hohe Fenster aufweist, hat die gegenüberliegende Längsfront und eine Stirnwand je eine große Schiebetür erhalten, damit sperriges Material leicht hinein- und hinausgebracht werden kann. Die Schmiedefeuer sind, einander gegenüberliegend, auf dem freien, aber gestampften Erdboden aufzustellen, um die Feuersgefahr bei herunterfallenden glühenden Aschen oder Eisenteilen zu vermeiden.

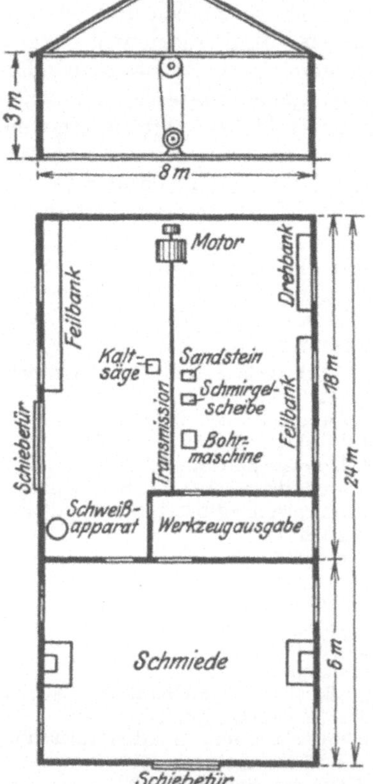

Abb. 7. Schmiede und Schlosserei.

Anschließend an die Schmiede erstreckt sich die eigentliche Schlosserei, jedoch getrennt durch eine hölzerne Querwand und durch den Werkzeugraum. Die Werkbänke mit den Schraubstöcken und die Drehbank sind unter den Fenstern anzuordnen, da sie möglichst viel Licht gebrauchen. Unter jeder Werkbank befinden sich für die einzelnen Arbeiter verschließbare Fächer. Die übrigen Schlossereimaschinen, wie Bohrmaschine, Eisensäge, Schmirgel- und Schleifstein, sind in der Mitte unter der Transmission aufgestellt. Über den übrigen Raum verteilt befinden sich die Blechstanz-, Blechschneide- und Lochmaschinen und der Schweißapparat.

Vor der gesamten Längsfront erstreckt sich ein Werkplatz für größere Reparatur- und Montagearbeiten.

Das für die Schmiede und Schlosserei benötigte Großeisenzeug ist entweder im Magazin selbst aufzubewahren, für den Fall, daß dasselbe dicht daneben liegt, oder es ist hierfür ein besonderes, überdachtes Regal zu errichten, in das die verschiedenen Eisensorten eingefügt werden. Es ist auf diese Weise eine genauere Kontrolle und leichtere Entnahme möglich. Für die Eisenabfälle sind verschiedene Fächer nebeneinander herzustellen, da es wertvoll ist, Eisenabfälle, die nicht mehr gebraucht werden, von denen, die gegebenenfalls noch zu kleineren Arbeiten Verwendung finden können, zu trennen. Die wertvolleren Hobelspäne von Metallen bringt man im Werkzeugraum unter, damit sie vor Diebstahl geschützt werden.

Die Werkstattbaracke wird wiederum zerlegbar angeordnet, um ihre Wiederverwendungsmöglichkeit zu gewährleisten. Wie beim Magazin sind auch hier die Tafeln so einzurichten, daß eine normale Werkstattbude durch Anbau für kleinere und größere Baustellen zur Verwendung gelangen kann. Für das Dach ist ein Satteldach mit Dachpappbekleidung zu wählen. Die Grundrißabmessungen betragen für die Breite als festes Maß 8 m und schwanken in der Länge von 8—24 m. Die Wände sind aus 30 mm-Brettern mit Fugenleisten auszubilden. Der Fußboden besteht möglichst aus 50 mm-Bohlen.

Bei einer Belegstärke von:

1 Meister,
9 Schlosser,
1 Klempner,
1 Schweißer,
1 Dreher,
2 Bohrer,
7 Schmiede,
8 Zuschläger

wird folgendes Kleingerät notwendig sein:

A. Schlosserei:

I. Allgemeines Kleingerät:

7 Parallelschraubstöcke, 120 mm Bakkenbreite.
2 Rohrschraubstöcke, 3″ und
2 Bankambosse.
14 Feilkloben, 5, $5^1/_2$ und 6″.
2 Brustbohrmaschinen.
2 große Lötkolben } Lötwasser und
2 kleine Lötkolben } Lötzinn.
1 Benzinlötlampe.
3 Rohrzangen.
1 Rohrscheider.
6 Blitzzangen.
1 Nietenbeißzange.
7 Brennerzangen.
2 Kneifzangen.
Flachzangen.
1 Rundzange.
1 Zwickzange.
1 Kabelschere.
3 Blechscheren.
1 Durchlaufschere.
1 Lochschere.
4 Metallsägebogen mit je 12 Blättern.
1 Bohrknarre mit 1 Satz Spitzbohrern und Winkel.
2 Bohrwinden.
1 eiserne Wasserwage.
1 Zimmermannswinkel.
4 Anschlagwinkel.
2 eiserne Lineale.
1 Blechschmiege.
4 Spitzzirkel mit Bogen.
2 Spitzzirkel ohne Bogen.
10 Rundtaster.
1 Lochtaster.
1 Schiebelehre.
1 Werkstattlehre.
1 Zugmesser.
3 Paar Bleibacken.
1 Paar Kupferbacken.
1 Satz Zahlen, 5 mm.
1 Satz Buchstaben, 5 mm.
8 Schraubzwingen, 5—8″.
2 Satz Steckschlüssel, bis 1″.
6 englische Schraubenschlüssel.
6 Rollgabelschlüssel.
6 Satz Doppelmaulschlüssel, $^1/_4$—$1^1/_4$″.
1 Börteleisen für Klempner.
1 Schutzbrille für Schweißer.
2 Schürzen für Schweißer (Segeltuch).
1 Paar Schutzärmel für Schweißer (Segeltuch).
1 Parallelreißer.
9 Zinkeimer.
2 Bleihämmer.
6 Holzhämmer.
3 große Ölkannen.
1 Kasten Gewindeschneidkluppen, Whitworth $^9/_{16}$—1″.
1 Kasten Gewindeschneidkluppen, Gas $^1/_4$—$1^1/_2$″.
1 Stück Gewindeschneidkluppen, Whitworth $^3/_8$—$^1/_2$″.
1 Stück Gewindeschneidkluppen, Gas $2^1/_4$—4″.

Zu den vier vorgenannten Kluppen gehören:
a) je 1 Satz Schneidbohrer oder Gewindebohrer;
b) ferner 1 Windeisen für jede Kluppe.
1 Ringkluppe für 2,5—5 mm-Gewinde mit Satz Gewindebohrern und Windeisen.
1 Satz Schneideeisen für $^1/_2$—$^5/_4$″.
6 Schneidmuttern für $^3/_4$—1″.
Spiralbohrer, runde von 5—40 mm Durchmesser.
8 Winkelreibahlen.
54 zylindrische Reibahlen, 6—35 mm
7 konische Reibahlen, 6—25 mm Durchmesser.
1 Gewindelehre.
1 Abziehstein, Börteleisen.

II. Werkzeug für 1 Schlosser:

1 Stroh- oder Armfeile, 14″ lang, mit Heft.
1 ▭ flache Vorfeile, 12″ lang, mit Heft.
1 ◠ halbrunde Vorfeile, 12″ lang, mit Heft.
1 ▭ flache Vorfeile, 8″ lang, mit Heft.
1 ◠ halbrunde — Vorfeile, 8″ lang, mit Heft.
1 □ vierkant. Vorfeile, 14″ lang, mit Heft.
1 □ vierkant. Vorfeile, 10″ lang, mit Heft.
1 ○ runde Vorfeile, 16″ lang, mit Heft.
1 ○ runde Vorfeile, 10″ lang, mit Heft.
1 △ dreikant. Vorfeile, 8″ lang, mit Heft.
1 ▭ flache Schlichtfeile, 12″ lang, mit Heft.
1 ◠ halbrunde Schlichtfeile, 12″ lang, mit Heft.
1 ▭ flache Schlichtfeile, 8″ lang, mit Heft.
1 ◠ halbrunde Schlichtfeile, 8″ lang, mit Heft.
1 △ dreikant. Schaber.
1 Feilenbürste.
1 Bankhammer.
Kugelhammer.
Handhammer mit Pinne.
1 Niethammer.
1 Zirkel.
1 Winkel (mit Anschlag).
1 Reißnadel.
1 Körner.
2 Flachmeißel.
1 Nutenmeißel.
2 Kreuzmeißel.
1 Nietenzieher.
1 Kopfsetzer.
3 Dorne.
1 Schraubenzieher.
1 Brennerzange.
1 Blitzzange.
2 Durchschläge.
2 Feilkloben.
1 Bogensäge.
1 Vorhängeschloß.
10 Werkzeugmarken.

B. Schmiede:

Kleingerät für 1 Schmied.
1 Vorschlaghammer, 6 kg.
1 Vorschlaghammer, 4 kg.
1 Handhammer, $1^1/_2$ kg.
1 Handhammer, 1 kg.
2 Kehlhammer.
2 Setzhammer.
1 Schlichthammer.
3 Schrottmeißel.
1 Abschrotter.
5 runde Stiehldorne.
4 flache Stiehldorne.
3 vierk. Stiehldorne.
10 Gesenkoberteile (Satz).
10 Gesenkunterteile (Satz).
12 Schmiedezangen.
1 Amboßhörnchen.
2 Nageleisen.
2 Rundtaster.
1 Winkel.
1 Zirkel mit Bogen.
1 verstellbarer eiserner Bock.
1 flache Vorfeile oder Strohfeile, 14″.
1 ◠ halbrunde Vorfeile, 14″.
1 Vorhängeschloß.
1 Stahlhandfeger.

Die oben angeführten Werkzeuge für den Schlosser und Schmied werden an den betreffenden Arbeiter gegen ein Werkzeugbuch aus dem Werkzeugmagazin abgegeben. Die weniger gebrauchten Werkzeuge, wie Feilen, Schneidwerkzeuge usw., verbleiben im Magazinraum und werden jeweils gegen Abgabe einer Werkzeugmarke, die mit einer besonderen Nummer versehen ist, ausgegeben. Diese Marken werden an einer besonderen Tafel von dem Magaziner aufgehängt, wie die beifolgenden Schemata zeigen (Abb. 8 u. 9). Auf diese Weise ist ihm eine leichte Kontrolle der ein- und ausgehenden Werkzeuge möglich, ohne daß große Bücher und Listen geführt zu werden brauchen. Derartige Werkzeugtafeln sind in Werftbetrieben in größerem Maßstabe üblich und haben sich auch im Baubetrieb nach Einführung gut bewährt.

Wegen der Werkzeugausgabe, der Bedienung der Maschinen und Motoren ist eine Betriebsvorschrift als Aushang zu empfehlen:

Betriebsvorschrift für Schlosserei.

a) Personal:

Jeder Arbeiter hat pünktlich und regelmäßig zum Dienst zu erscheinen. Mehrmaliges Zuspätkommen und unentschuldigtes Fehlen wird mit Entlassung bestraft.

b) Werkzeug und Maschinen:

Jeder erhält das am meisten benötigte Werkzeug gegen Quittung vom Magazin. Alles andere ist gegen Werkzeugmarke zu entnehmen. Mutwillig zerbrochene oder verlorene Werkzeuge müssen vom Arbeitnehmer ersetzt werden.

Die Maschinen sind mit größter Sorgfalt zu bedienen und nach Gebrauch auszuschalten. Sie müssen täglich einmal geschmiert und wenigstens wöchentlich einmal gereinigt werden.

Gasgewinde: Kluppen $^3/_8'$ $^1/_2'$ 1′ $1^1/_2'$ 2′ $2^1/_2'$ × × × × × × — Bohrer $^3/_8'$ $^1/_2'$ 1′ $1^1/_2'$ 2′ $2^1/_2'$ × × × × × ×

Whitworthgewinde: Kluppen $^1/_4'$ $^5/_{16}'$ $^3/_8'$ $^1/_2'$ $^5/_8'$ $^3/_4'$ $^7/_8'$ 1′ × × × × × × × × — Bohrer $^1/_4'$ $^5/_{16}'$ $^3/_8'$ $^1/_2'$ $^5/_8'$ $^3/_4'$ $^7/_8'$ 1′ × × × × × × × ×

Windeisen groß × klein × — Ölkanne groß × klein × — Schraubenzieher groß × klein × — Elektrische Bohrmaschine groß × klein × — Handbohrmaschine × — Bohrknarre × — Besen ×

Brustleier × — Handstanze × — Schraubzwinge × × × — Bogensäge × — Scheeren × × × — Feilkloben × × — Engländer × — Dorne ×

Zangen: Rund- × Rohr- × Blitz- × Prenner- × Flach- × Kneif- × — Mutterschlüssel: $^1/_4$—$^5/_{16}'$ × $^3/_8$—$^1/_2'$ × $^5/_8$—$^3/_4'$ × $^7/_8$—1′ × $1^1/_8$—$1^1/_4'$ × $1^3/_8$—$1^1/_2'$ × — Kopfschlüssel: $^1/_4'$ $^3/_8'$ $^1/_2'$ $^5/_8'$ $^3/_4'$ $^7/_8'$ 1′ × × × × × × ×

Lötlampe × — Lötkolben × — Taster × — Schublehre × — Zirkel × — Nietenzange × — Vorhalter ×

und andere noch vorhandenen oder zu benötigenden Werkzeuge.

× = Haken für Werkzeugmarken.

Abb. 8. Tafel für Werkzeugmarken.

Transmissionen, Vorgelege und Motore sind wöchentlich zweimal zu ölen. Unbefugten ist das Arbeiten an den Maschinen verboten.

c) Motore:

(Vorschrift richtet sich danach, ob Dreh- oder Gleichstrom verwendet wird. Vgl. dieselbe unter II 7.)

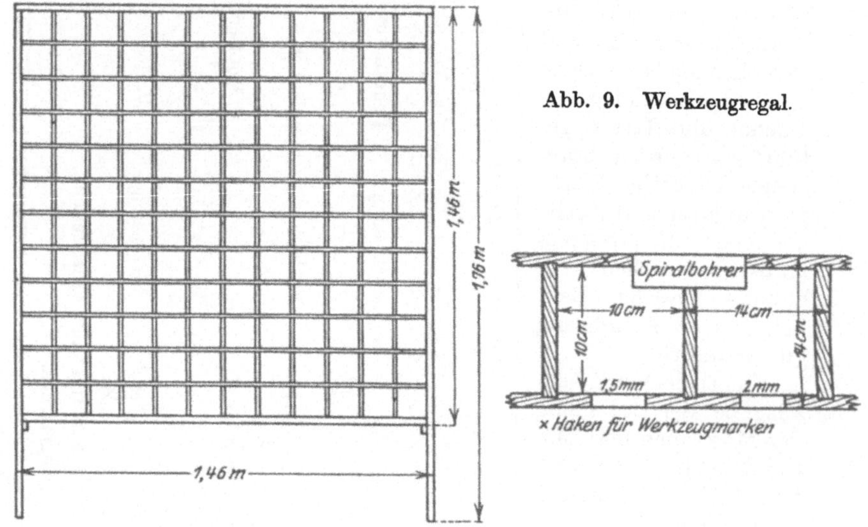

Abb. 9. Werkzeugregal.

Gesamtansicht. Vorderansicht zweier Fächer.

c) Eisenbiegerei. Die besondere Aufstellung einer Eisenbiegerei ist nur dann zu empfehlen, wenn viel Eiseneinlagen für den Betonbau verwendet und mehrfach gebogen werden müssen. Die Lage derselben ist dicht neben dem Rundeisenlagerplatz anzuordnen. Maschinelle Biege- und Schneidevorrichtungen sind nur notwendig bei dünnen Eisen in großer Anzahl. Bei starken und langen Rundeisensorten in geringerer Zahl sind sie nicht derart wirtschaftlich, da für die Transporte zur Biegemaschine bereits drei Mann erforderlich sind. Während eine Überdachung nur bei der maschinellen Einrichtung vorzusehen ist, können die Handbiegemaschinen und Biegetische im Freien aufgestellt werden.

Für das Stapeln der Rundeisen sind folgende Grundsätze zu beachten:

Man scheue auf keinen Fall die anscheinend anfangs unproduktive Arbeit des sorgfältigen Stapelns und Sortierens der einzelnen Rundeisensorten nach Stärken und Längen in einzelnen Fächern von 1 m Breite und höchstens 1 m Höhe. Diese werden nebeneinander angeordnet mit einem Zwischenraum von mindestens 50 cm, um die Entnahme der Eisen zu erleichtern. Die Rundeisen selbst lege man anfangs auf Schwellen und füge zwischen die einzelnen Lagen schwache Holzbretter ein. Es ist auf diese Weise die leichtere Kontrolle und Übersicht gewährleistet.

7. Die elektrische Einrichtung.

Die elektrische Anlage einer Baustelle gehört mit zu den wichtigsten Punkten der Ausrüstung. Deshalb ist von vornherein auf eine zielbewußte Anordnung zu achten. Für Baustellen sollte immer nur das beste Material verwendet werden, da alsdann geringere Reparaturen notwendig sind und andererseits die Störungen auf ein geringes Maß zurückgeführt werden können, zumal es auf den Baustellen den Witterungseinflüssen erheblich ausgesetzt ist.

Bevor man mit der Materialanforderung beginnt, überzeuge man sich von der Stromart und dem erforderlichen Kraftbedarf für den einzurichtenden Betrieb. Alsdann werden die Leitungsquerschnitte, Schalter, Sicherungen, Motoren usw. berechnet. Die Leitungen dürfen nicht zu knapp bemessen sein, da man stets mit Erweiterungen rechnen muß.

Zu einer Betonbaustelle würden außer Motoren und Anlasser, die sich je nach Bedarf an PS, Stromart und Spannung richten, folgendes Kleingerät und Material benötigt werden:

1. Kleingerät:

Hebelschalter, 60—300 Amp.
Streifensicherungen, 125—300 Amp.
Spannungsanzeiger.
Kraftzähler.
Lichtzähler.
Handlampen.
Tischlampen.
Holzschalttafeln.

Für Haustelephon:

1 Klappenschrank für 6—8 Teilnehmer mit Wandstationen.
Leitung W. D. 2 × 0,8.
Elemente.

Und wo erforderlich:
Gleichstromwecker.
Fallklappenrelais.
Verzinkter Eisendraht 2 mm.

2. Elektrisches Material:

Leitung N.G.A. Querschnitt 1,5 e.
" " " 2,5 e.
" " " 4 e.
" " " 6 e.
" " " 10 e.
" " " 16 e.
" " " 25 e.
" " " 25 m.
" " " 50 m.
" " " 70 m.
Isolatoren R.T.J. Querschnitt 65.
" " " 85.
" " " 95.
Isolatoren mit Trennschalter für 200 bis 300 Amp.
Sicherungselemente mit Zubehör 25 und 60 Amp.
Ausschalter 6, 10, 25, 60 Amp.
Peschelrohr 16, 18, 26 mm mit Zubehör.
Porzellanfassungen mit Schirmhalter.
Blecharmaturen (wasserdicht für Platzbeleuchtung).
Sitze.
Werkstattschnur.
Porzellaneinführungen.

Porzellanrollen F. II, F. III, F. IV.
Steckdosen.
Stecker.
Metallfadenlampen 25, 32, 50 Kerzen, 100, 150 Watt.
Blechschirme.
Schmelzeinsätze 125 Amp. (sonst nach Bedarf).
Abzweigklemmen.
Nippel mit festem Ring.
Serienschalter.
Fassungen (Edison) mit Hahn.
Fassungen (Edison) ohne Hahn.
Kabelschube.
Freileitungsverbinder.
Schraubsteckdosen.
Schräge- und Wandfassungen.
Messingnippel $^1/_8''$ Gas (glatt).
Isolierband.
Lötfett.
Lötzinn.
Holzschrauben für Porzellanrollen.
Bindedraht.
Gasrohr $1''$, $1^1/_2''$, $2''$.
Holzmaste.

Für die Stromversorgung einer großen Baustelle ist es ratsam, eine besondere Verteilung der einzelnen Stromkreise einzurichten, damit bei vorkommenden Störungen im eigenen Leitungsnetz nicht der gesamte

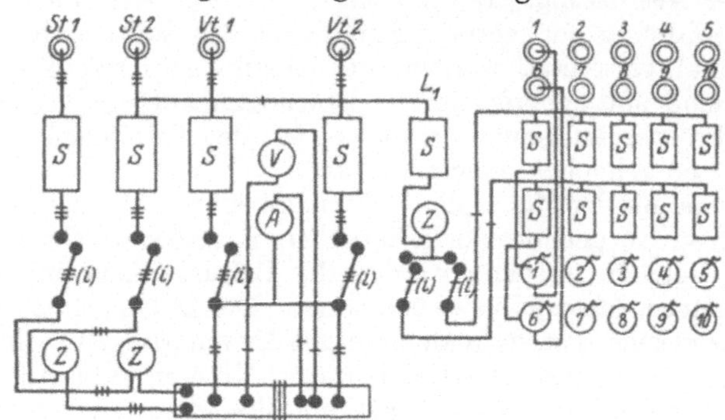

Abb. 10. Stromkreisverteilung.
St 1 = Stromkreis *1* vom Kraftwerk,
St 2 = Stromkreis *2* vom Kraftwerk,
Vt 1 = Verteilung *1* zu den Werkstätten,
Vt 2 = „ *2* für den Baubetrieb,
Schalter 1—10 für Beleuchtungszwecke.

Betrieb zum Stillstand kommt, da alsdann bei Unterbrechung des einen Kreises der andere eingeschaltet bleiben kann. Die Zentrale ist in einer zerlegbaren Baracke unterzubringen, die sich wiederum an die Form der Arbeiterbaracke anschließt mit einer Grundfläche von 4 × 4 m, deren Längsseite sich auf 8 m oder mehr erweitern läßt. Die Stromkreisverteilung wäre beispielsweise gemäß beiliegender Skizze (Abb. 10) vorzunehmen:

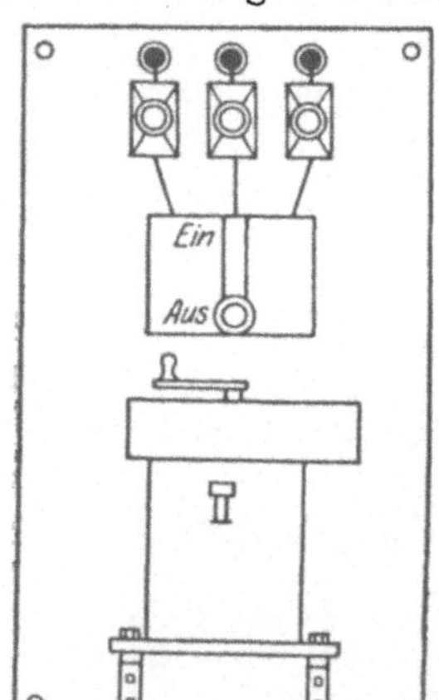

Abb. 11. Schalttafel.

Werden für die auf der Baustelle befindlichen Großgeräte als Antriebsart Motoren gewählt, so gehören zu einem Motor folgende Teile:

1 Paar Gleitschienen,
1 „ Spannschrauben,
2 „ Befestigungsschrauben,
1 Schalttafel aus Holz, die auf der Baustelle hergestellt werden kann, mit Sicherungen, Schalter und Anlasser nach nebenstehendem Muster (Abb. 11).

Die Größe der Zentrale richtet sich nach der Art des Baues und Anzahl der Baumaschinen, doch muß sie möglichst in der Mitte der Baustelle sich befinden, um bei Störungen oder Unglücksfällen schnellstens erreicht werden zu können. Sie ist an das Baustellentelephon anzuschließen.

In der Zentrale befindet sich ein verschließbarer Schrank, in dem das Werkzeug für die Elektriker aufbewahrt wird. Dieses setzt sich aus folgenden Teilen zusammen:

Werkzeug für Elektriker:

2 Kombinationszangen.
1 Kombinationszange mit isolierten Schenkeln.
3 Schraubenzieher.
1 Handhammer.
1 Niethammer.
3 Dorne.
2 Meißel.
2 Steinmeißel.
1 Bandmaß.
1 Lot.
1 Bogensäge.
1 Baumsäge.
1 Fuchsschwanz.
1 Anschlagwinkel.
2 Lötkolben.
1 Lötlampe.
1 feuersichere Benzinkanne.
1 Schlegel.
1 Staubpuster.
2 Sicherheitsgurte.
2 Paar Steigeisen.
2 Flaschenzüge mit Froschklemmen.
1 Kabelschere.
1 Beißzange.
1 Zwickzange.
1 Brennerzange.
1 Beil.
1 Handbohrmaschine.
1 Bohrknarre.
1 Bohrwinkel.
2 Bleimesser.
1 Blechschere.
2 Stechbeitel.
1 Engländer.
1 Feilenbürste.
2 Feilkloben.
4 Nagelbohrer 3, 5, 6, 7 mm.
4 Lattenbohrer 10, 13, 16, 20 mm.
1 Satz Mutterschlüssel $^{1}/_{4}$—1″.
2 Ölkannen.
1 Patentholzhammer.
1 Rundzange.
1 Flachzange.
2 Reserveleinen für Flaschenzüge.
2 ▭ Raspel 10″.
2 ⌓ Raspel 10″.
2 ○ Raspel 8″.
2 ▭ Vorfeilen 10″.
2 ▭ Vorfeilen 8″.
2 ⌓ Vorfeilen 10″.
2 ⌓ Vorfeilen 8″.
2 △ Vorfeilen 8″.
2 ▭ Schlichtfeilen 10″.
2 ⌓ Schlichtfeilen 10″.
2 ⌓ Schlichtfeilen 8″.
2 ▭ Schlichtfeilen 8″.
2 △ Schlichtfeilen 8″.
2 ○ Vorfeilen 8″.
2 ○ Vorfeilen 6″.
2 ○ Schlichtfeilen 8″.
2 ○ Schlichtfeilen 6″.
1 Armfeile.
20 Feilenhefte (verschiedener Größen).
1 Satz Spiralbohrer 2—13 mm ohne Konus.
1 Kurbelinduktor.
1 Tachometer.
1 tragbares Amperemeter.
1 tragbares Voltmeter.

Ein guter Anlasser ist für den Baubetrieb von großer Wichtigkeit, da an ihn hohe Anforderungen gestellt werden. Anlasser mit Luftkühlung haben sich als nicht praktisch erwiesen, da sie dem Zementstaub und den Witterungseinflüssen sehr ausgesetzt sind, wodurch das Widerstandsmaterial zerstört wird und zu häufigen Reparaturen Anlaß geben. Die Aufstellungsart des Anlassers ist im allgemeinen in nächster Nähe des Motors zu wählen, damit einerseits nur kurze Verbindungsleitungen zwischen Anlasser und Motor notwendig werden und andererseits der Motor während des Anlaufes gut beobachtet werden kann. Vor Inbetriebnahme des Anlassers sind die Schleifflächen der Kontakte und Schienen gut vom Staub zu reinigen und mit Vaseline leicht einzufetten. Das Anlassen muß sofort nach dem Schließen des Hebelschalters erfolgen, da sonst die Läuferwiderstände, die im Nullpunkt geschlossen sind, überlastet werden. Zur Füllung der Ölanlasser darf nur das den Richtlinien des Zentralverbandes der deutschen elektrotechnischen Industrie entsprechende Schalteröl verwendet werden. Für jeden Motor ist eine Betriebsvorschrift auszuarbeiten und in seiner Nähe aufzuhängen. Das Einschalten darf nur von den dazu beauftragten Personen vorgenommen werden. Es sind hierfür besondere Anweisungen zum Aushang, möglichst über dem Anlasser, zu bringen gemäß beifolgendem Muster:

Betriebsvorschriften für Motore.

1. Gleichstrom:

a) Einschalten des Motors:

Hauptschalter einschalten.
Anlasser langsam von „Aus“ auf „Ein“ kurbeln.

b) Ausschalten des Motors:

Hauptschalter ausschalten.
Anlasser von „Ein“ auf „Aus“ kurbeln.

c) Schmierung:

Man überzeuge sich öfters durch Öffnen der Lagerverschlußdeckel davon, daß die Schmierringe sich drehen und Öl auf die Welle fördern. Von Zeit zu Zeit ist Öl nachzugießen und streng darauf zu achten, daß es nicht in das Innere des Motors gelangt. Es darf zum Schmieren nur gutes Dynamoöl verwendet werden.

d) Der Kollektor ist stets sauber zu halten. Sollte sich auf dem Kollektor ein starkes Feuern bemerkbar machen, so ist eine Prüfung des Motors unbedingt erforderlich. Ein Hauptstrommotor darf niemals ohne Last angelassen werden, da sein Anker eine unzulässig hohe Umdrehungszahl annehmen würde, die zu Beschädigungen Veranlassung geben kann. Deshalb „Achtung“ ob Hauptstrom-, Nebenschluß- oder Compoundmotor. Das Stellen von Gegenständen auf Motor oder Schalttafel ist streng verboten. Etwaige Störungen sind sofort dem nächsten Vorgesetzten zu melden.

2. Drehstrommotoren:

a) Einschalten des Motors:

Nachsehen ob Anlasser auf „Aus“ steht.
Hebelschalter einschalten.
Anlasser langsam von „Aus“ auf „Ein“ kurbeln.

b) Ausschalten des Motors:

Hebelschalter ausschalten.
Anlasser auf „Aus“ kurbeln.

c) Bei Motoren mit abnehmbaren Bürsten ist darauf zu achten, daß beim Anlassen selbige aufliegen und nach dem Anlassen abgehoben werden.

d) Schmierung:

Man überzeuge sich öfters durch Öffnen der Lagerverschlußdeckel davon, daß die Schmierringe sich drehen und Öl auf die Welle fördern. Von Zeit zu Zeit ist Öl nachzugießen und streng darauf zu achten, daß es nicht in das Innere des Motors gelangt. Es darf zum Schmieren nur gutes Dynamoöl verwendet werden.

Das Stellen von Gegenständen auf Motor oder Schalttafel ist streng verboten. Etwaige Störungen sind sofort zu melden.

Für die Betonmaschinen sind möglichst geschlossene Motoren zu verwenden, da durch den Zementstaub die Wickelungen stark angegriffen werden.

Der Aufstellungsort für Motoren soll möglichst wetterfest sein. Es ist von großem Werte, sie auf Betonfundamenten zu montieren, um Verschiebungen auszuschließen. Das Aufstellen derselben und der Maschinen geschieht nach folgenden Richtlinien:

1. Der Motor muß genau im Winkel zum Riemenzug und in der Wage stehen.

2. Lager und Motor sind vor Inbetriebnahme gut zu reinigen. Die Lager sind mit gutem Dynamoöl zu füllen.

3. Die Welle der Maschine muß genau im Winkel zum Seilzug stehen.

4. Die Welle der Maschine muß anderseits parallel mit den Vorgelegen laufen, da sonst die Lager ungleichmäßig belastet sind und sich infolgedessen warm laufen. Hierauf sind häufig Störungen im Betrieb zurückzuführen.

Es ist möglichst erst die Maschine zu montieren, dann das Vorgelege und dann der Motor. Wird das Vorgelege oder der Motor zuerst aufgestellt, so ist es möglich, daß die Maschine nicht mehr im Winkel zum Seilzug steht.

Werden für Materialtransporte nicht Dampf- sondern elektrische Zuglokomotiven verwendet und ist auf der Baustelle nur Drehstrom vorhanden, so wäre der Umformer in der elektrischen Zentrale unterzubringen und für ihn nebenstehende Schalttafel vorzusehen:

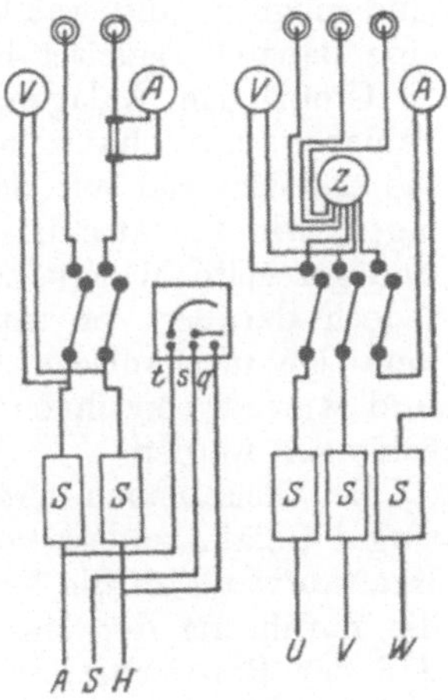

Abb. 12. Schalttafel für Umformer.

Für die Verlegung der Freileitungen nehme man möglichst den kürzesten Weg, jedoch dürfen sie dem Betrieb in keiner Weise hinderlich sein. Es kommen fast nur isolierte Leitungen in Frage, deren Haltbarkeit und Isolierfähigkeit den Normalien für isolierte Leitungen in Starkstromanlagen entsprechen. Der Querschnitt ist so zu bemessen, daß die Leitungen bei den vorliegenden Betriebsverhältnissen genügend mechanische Festigkeit haben und keine unzulässigen Erwärmungen annehmen können. Sie dürfen entweder offen auf geeigneten Isolierkörpern oder in Rohren verlegt werden. Im Freien verlegte Leitungen müssen abzapfbar sein. Die Stärke und Länge der Maste richtet sich nach den Platzverhältnissen und den zu verlegenden Leitungen. Bei blanken Freileitungen (Fahrdraht für elektrische Lokomotiven) in erreichbarer Höhe müssen Warnungstafeln angebracht werden.

Auf einer Baustelle soll für eine gute Platzbeleuchtung Sorge getragen werden, besonders an den Stellen, wo gegebenenfalls nachts gearbeitet wird. Die Anzahl und Stärke der Lampen und ihre Anbringungsart richtet sich nach der Lage und Größe der Arbeitsstelle.

Die Montage der Leitungen in den Baracken und Werkstätten kann auf Porzellanrollen erfolgen, jedoch müssen sie im Handbereich stets eine besondere Verkleidung zum Schutz gegen mechanische Beschädigung haben. Für Innenbeleuchtung der Aufenthaltsräume rechnet man auf 1 qm Grundfläche eine Normalkerze. Die Lichtanlage für Werkstätten wird je nach Bedarf ausgeführt.

III. Spezielle Baueinrichtung.

1. Baustofflagerung und Zuführung.

Die Lagerung und Zuführung der Baumaterialien mit ihren Hauptstoffen Zement, Traß, Grobkies und Feinkies wird man dem Charakter der einzelnen Baustelle, der Art ihrer Anlieferung und Verarbeitung anpassen. Allgemeine Richtlinien hierfür aufzustellen, ist schwierig. Es muß hier mehr oder weniger dem praktischen Bauleiter überlassen bleiben, von Fall zu Fall die wirtschaftlichste Ausnutzung durch Organisation und Betriebsführung herauszuholen. Je größer das Bauwerk ist, um so eher kann eine großzügige Anlage geschaffen werden. Je kleiner die Baustelle ist, um so mehr muß man darauf bedacht sein, die Zuführung der Materialien mit möglichst geringen Mitteln zu bewerkstelligen. Einfache, nicht zu komplizierte Einrichtungen sind die besten, denn je umfangreicher sie sind, desto mehr Betriebsstörungen sind möglich, und was solche für den Bau bedeuten, wird jedem, der eine Baustelle geleitet hat, zur Genüge bekannt sein.

Großzügige Anlagen, wie Kiesstollen, in denen der Kies durch Schieber auf mechanischem Wege abgezapft wird und Kiessturzbrücken, die das Material auf den Kiesstollen hinabkippen und ähnliche Anlagen, wie Elevatoren, Transportbänder usw., sind für Dauerbetrieb und geregelte Materialzuführung wohl zu empfehlen. Man muß sich jedoch darüber von vornherein klar sein, bis zu welcher Höhe durch derartige mechanische Anlagen Lohnstunden gespart werden können und wieviel von ihnen die Kosten für den Aufbau der Anlage verschlingen werden.

Bei Gleisanlagen versuche man stets nach der Mischstelle zu ein geringes Gefälle zu erzielen, um die vollbeladenen Wagen mit weniger Kraftaufwand an die Verarbeitungsstelle zu führen. Der Gleisplan für die Zuführung der Materialien muß daraufhin durchgeprüft werden, daß der Rangierbetrieb die Anfuhr der Baustoffe nicht stört. Dem Kopfbetrieb ist ein Rundbetrieb immer vorzuziehen. An der Mischstelle soll immer ein kleiner Vorrat an sämtlichen Baustoffen in kleinen Schuppen vorhanden sein, um sich von eintretenden Störungen in der Materialzuführung während des Betriebes unabhängig zu machen.

Für die Abmessung der einzelnen Baustoffe für die Betonmaschinen kann man sich einfacher Meßkästen oder besonders eingerichteter mechanischer Abmeßvorrichtungen bedienen. Als Grundmaß wird man mehr oder weniger immer die $^3/_4$-cbm-Lore benutzen. Sollten die Betonmaschinen kleineres Fassungsvermögen haben, so sind die Vorfülltrichter über ihnen gegebenenfalls zu unterteilen. Die mechanischen Abmeßanlagen lassen sich so einrichten, daß in ihnen Zement-, Traß- und Kiesbunker angeordnet sind, aus denen mit Hilfe von Rollen- oder Jalousieschiebern das Material in die Meßgefäße abgezapft wird, die wiederum durch ein gemeinsames Hebelgestenge entleert werden.

2. Zubereitung des Betons.

Die Zubereitung des Betons wird wohl heute nur noch maschinell betrieben werden. Auch die Anordnung der Mischmaschinen und die Wahl der Betonmaschinen hängt ganz von dem Charakter der Baustelle und der Höhe der zu leistenden Kubikmeter Beton ab. Demzufolge wäre es auch hier verfehlt, Richtlinien anzugeben, die immer nur für eine Baustelle Anwendung finden können, niemals sich aber verallgemeinern lassen. Hauptgrundsatz muß für den Bauleiter auch hier wieder sein, sich über die Wirtschaftlichkeit seiner zu wählenden Mischanlagen vorher Rechenschaft zu geben.

Bei der Wahl der für den Betrieb vorteilhaftesten Betonmaschinen sei man darauf bedacht, sich die einzelnen Vorgänge derselben vor Augen zu führen. Die Stärke des Antriebes ist abhängig von der Art der Materialeinführung und dem Fassungsvermögen der Betonmaschine. Es ist dementsprechend Riemen- oder Kettenantrieb zu wählen; denn nichts ist störender, als wenn eine Mischtrommel im Betriebe gefüllt stehen bleibt und dadurch die Zufuhr zur Betonverarbeitungsstelle stockt. Bei Riemenantrieb nehme man genügend breite und genügend starke Treibriemen und sei in der Auswahl derselben nicht hauptsächlich auf den Preis, sondern auf die Güte derselben bedacht. Ferner treffe man Vorsorge, daß der jeweilige Riemenzug gut gegen Witterungseinflüsse gesichert ist. Da die Treibriemen in der ersten Zeit sich dauernd dehnen, müssen sie oft nachgespannt werden. Am vorteilhaftesten überzeuge man sich anfangs täglich von ihrer Spannkraft, um das Nachziehen während des Betriebes zu vermeiden. Die Stopfbüchsen an den Lagern des Vorgeleges und an den Betonmaschinen sind häufig nachzusehen, da diese durch den Zementstaub in ganz erheblichem Maße verschmutzen.

Von einer Betonmaschine muß man ferner verlangen, daß sie für den Arbeiter leicht zugänglich ist, um ihre Reinigung von Zeit zu Zeit vornehmen zu können, da naturgemäß an den Wandungen und den Schaufeln das Betonmaterial sich leicht festsetzt. Derartige Krustenbildungen werden durch hervorragende Stellen in den Betonmaschinen, wie Schraubenköpfe, Klemmen, Platten usw., stark gefördert, darum versuche man diesem Übelstande schon bei der Wahl der Betonmaschinen entgegen zu arbeiten. Das Anhaften des Betons in den Mischmaschinen verlangt einmal höheren Verbrauch an Kraft und stört auf die Dauer das Durcharbeiten der Mischstoffe.

Da man sich von den Störungen einer Betonmaschine nie wird ganz frei machen können, ist es zweckmäßig, mindestens immer zwei Maschinen nebeneinander aufzustellen. Eine einfache Rechnung wird dem Bauleiter rasch ihre Wirtschaftlichkeit klar machen, wenn er ihren Mietpreis dem durch die Störungen eintretenden produktiven Lohnausfall gegenüberstellt, da von einer Betonmaschine immer 20—40 Arbeiter in ihrer Leistung abhängig sind.

Wie schon oben erwähnt, lassen sich für ihre Aufstellungsart und ihre Anzahl weitere Richtlinien nicht angeben, da diese abhängig sind von der Materialzuführung, der Größe der Betonarbeiten, der Grundfläche des Bauwerks und der Frage, ob Guß- oder Stampfbeton gewählt wird.

3. Betonschalung und Gerüste.

Die Leistungsergebnisse der zu bewältigenden Betonarbeiten sind auf größeren Betonbaustellen zu einem großen Teil abhängig von der Herstellung und Aufstellung der Gerüste und Schalung. Die leistungsfähigste Betonanlage ist hinfällig, wenn nicht von vornherein die Schalungsarbeiten gut organisiert sind.

Bei den heutigen Materialpreisen muß man mehr denn je darauf bedacht sein, möglichst sparsam mit dem Holz zu wirtschaften, was zur Grundbedingung hat, die Wahl der einzelnen Holzstärken und ihre Wiederverwendung möglichst günstig zu gestalten. Eine statische Berechnung sollte demzufolge der Anfertigung vorausgehen. Hochkantiges Holz wird wohl immer vorteilhafter sein als vierkantiges. Um die höchste vielseitige Ausnutzung zu erzielen, ist das gesamte Bauwerk von vornherein darauf durchzuprüfen, welche Normalschaltafeln am meisten zu verwenden sind. Bei ihrer Wahl sei man darauf bedacht, sie nicht allzu groß und schwer zu wählen. Über 20 qm Fläche gehe man demzufolge nicht hinaus. Allein schon aus dem Grunde nicht, da Holzlängen von 4—6 m handelsüblich und dadurch schnell zu beschaffen sind. Ferner wiegt eine derartige Platte nicht über 500 kg, die sich einmal von Hand ganz gut noch transportieren und deren Versetzen durch Ausleger bzw. Derrick-Kräne sich noch gut ermöglichen läßt. Gemäß der Größe der Schalungstafeln sind alsdann die Holzbestellungen vorzunehmen. Feste Längen sind vorzuziehen, sie sind wohl im Preise teurer, haben aber ganz geringen Verschnitt.

Die gleichen Grundsätze sind auch für die Schalungsgerüste maßgebend. Für geringe Höhen wähle man Bockgerüste, für größere Bauwerke vierstielige Gerüste, deren Grundfläche von 2×2 bis 5×5 m schwankt. Auf jeden Fall ist für ihre Wahl die genaue Kenntnis des Bauwerkes Vorbedingung, nach welchem die Gerüste in solche von großer bzw. halber Kantenlänge einzuteilen sind. Sie können ferner durch Aufeinandersetzen und Verlaschen beliebig erhöht werden und außerdem noch Auslegerbäume bzw. Derrick-Kräne aufnehmen, die für das Versetzen der Schalungen und Gerüste Verwendung finden.

Die Verbindung zwischen Schalungstafeln und Gerüsten erfolgt mit Hilfe von Bauklammern der verschiedensten Form. Gerüste und Schalungsplatten werden durch Absteifungen, eiserne Ring- und direkte Verankerungen in horizontaler und vertikaler Richtung zusammengehalten, um ein Ausweichen der Schalung zu verhindern. Diese Gefahr ist um so größer, je höher die Betonleistungen innerhalb 8 Stunden sind, und wenn statt Stampfbeton — Gußbeton gewählt wird. Außerdem lasse man hierbei nicht außeracht, daß der Beton im Winter bedeutend langsamer abbindet. Ferner ist es ein großer Unterschied, ob Hochofen- oder Portlandzement verwendet wird.

Für die Herstellung derartiger Schalungen und Gerüste sollte auf der Baustelle eigens ein Techniker eingestellt werden, da alsdann auf Grund fertig durchgearbeiteter Schalungszeichnungen die Herstellung der Schalungsplatten und Gerüste durch die Zimmerleute auf dem Zimmerplatz bzw. Schnürboden mehr fabrikmäßig erfolgen kann, wodurch eine bessere Ausnutzung der Arbeitskräfte gewährleistet wird.

Um von vornherein für die Nachkalkulation brauchbare Werte zu schaffen, hat dieser Techniker Hand in Hand mit der Herstellung der Zeichnungen für die Schalung die verbrauchten Mengen an Schnittholz, Kantholz, Rundholz, Nägeln, Bauklammern und Verankerungen in einem für das gesamte Bauwerk zu verwendenden Kalkulationsformular einzutragen (s. Abb. 13).

Massenermittelung für Schalung:................ Bauwerksteil:..............

Pos. Nr.	Bezeichnung	Einzuschalende Betonfläche	Betoninhalt	Erforderliche Schalung	Bretter ..... cm		Kanthölzer			Rundhölzer			Nägel	Klammern	Schrauben	Erforderliche cbm Schalung : cbm Beton	Bemerkungen
							Dimension	Gesamtlänge	Inhalt	Dimension	Gesamtlänge	Inhalt					
		qm	cbm	qm	qm	cbm	cm	lfd. m	cbm	cm	lfd. m	cbm	kg	kg	kg		
1	*Vorderwand*																
2	*Seitenwand*																
	usw.																

Abb. 13.

Ich möchte es nicht unterlassen, hierbei noch auf den unendlich großen Vorteil hinzuweisen, den jede Tiefbauunternehmung haben würde, wenn sie eine Normalisierung ihrer Bauhölzer vornimmt. Sie können alsdann auch auf den anderen Baustellen zu denselben Zwecken wieder Verwendung finden und vor allem die Bestellung wesentlich vereinfachen. Aber leider wird hierauf nur allzu wenig in der Praxis Rücksicht genommen, wodurch den Unternehmern erhebliche Werte verloren gehen.

Sind außer Schalungsgerüsten noch sonstige Gerüste und Zufahrtsbrücken notwendig, so ist ihre vorherige Durchzeichnung im technischen Büro unbedingt zu fordern, um einmal die Übersicht über die anzuschaffenden Holzmengen zu haben, und um anderseits möglichst die wirtschaftlichste Ausnutzung der Bauhölzer zu gewährleisten. Daß derartigen Brücken statische Berechnungen als Unterlagen dienen, halte ich für selbstverständlich, so daß ich sie nicht weiter zu erläutern brauche. Für die Nachkalkulation soll auch hier der betreffende Techniker, der die Durchzeichnung vornimmt, die verbrauchten Holzmengen und Eisenteile nebst dem erforderlichen Gleismaterial für die Zwecke der Nachkalkulation zusammenstellen (s. Abb. 14).

Massenermittlung von Brücken und Gerüsten.

Bezeichnung	Länge	Breite	Höhe	Holzverbrauch				Kleineisenzeug				Gleismaterial							Bodenaushub
				Kantholz	Rundholz	Bohlen	Bretter	Klammern	Schrauben	Nägel	Anker	Patentgleis	Schienen	Laschen	Schrauben	Schwellen	Weichen	Drehscheiben	
	m	m	m	cbm	cbm	cbm	cbm	kg	kg	kg	kg	lfd/m	lfd/m	kg	kg	Stdn.	Stdn.	Stdn.	cbm

Abb. 14.

4. Verarbeitung des Betons.

Über die Verarbeitung des Betons geben die ministeriellen Bestimmungen über Ausführungen von Betonbauten und die Anleitung über die Ausführung von Beton- und Eisenbetonbauten des Deutschen Betonvereins genügend Aufschluß. Das Bestreben eines jeden Bauleiters soll sein, möglichst einwandfreien Beton herzustellen. Um dieses zu gewährleisten, hat er sich nicht allein auf seine unteren Organe zu verlassen, sondern sich besonders zu Beginn des Betonierens möglichst oft selbst von der Ausführung zu überzeugen. Mündliche und schriftliche Anweisungen an die Bauführer und Poliere werden ihre Wirkung nicht verfehlen. Auf jeden Fall verlange man zu Beginn der Betonarbeiten möglichst scharfe Beobachtung der ordnungsgemäßen Herstellung des Betons.

Um auch von den Betonarbeiten einwandfreie Unterlagen für die Nachkalkulation zu erhalten, müssen von den betreffenden Schichtbauführern, wie ich es später noch näher erläutern werde, genaue Aufstellungen der jeweiligen Leistungen geführt werden, die alsdann von demselben Techniker, der die Nachkalkulation für die Brücken, Gerüste und Schalung vornimmt, in einem besonderen Formular (s. Abb. 15) zusammengetragen werden.

Massenermittelung für fertigen Beton.

Bauwerksteil	Beton				Schalung und Rüstung								Eiseneinlagen				Bemerkung
	betoniert von/bis	Massen cbm	Gesamt-Stunden	Std./cbm	Einzuschal. Betonfläche qm	Holzverbrauch: Schalung cbm	Holzverbrauch: Rüstung cbm	cbm Holz : cbm Beton	Gesamtstunden: Herstellen	Gesamtstunden: Ein- und Ausschalen	Std./qm Schalung	Std./cbm Beton	Massen t	Gesamt-Stunden	Std./t	Std./cbm Beton	

Abb. 15.

IV. Betriebsführung.

Nachdem ich in vorstehendem die eigentliche Baueinrichtung draußen auf der Baustelle behandelt habe, werde ich mich im folgenden mehr der eigentlichen Betriebsführung zuwenden, die in ihrer Gesamtheit für die Wirtschaftlichkeit der Bauausführung erhebliche Bedeutung gewinnt. Besonders der Bauleiter soll sich über diesen Teil seiner Tätigkeit von vornherein klar sein, damit er vom ersten Tage seiner Bautätigkeit an die vorbereitenden Maßnahmen trifft, deren Unterlassung sich späterhin schwer rächen kann.

1. Betriebsplan.

Um einen Überblick über die zu bewältigenden Arbeitsleistungen zu haben, muß für den Bau ein Betriebsplan mit Arbeitszeiten für

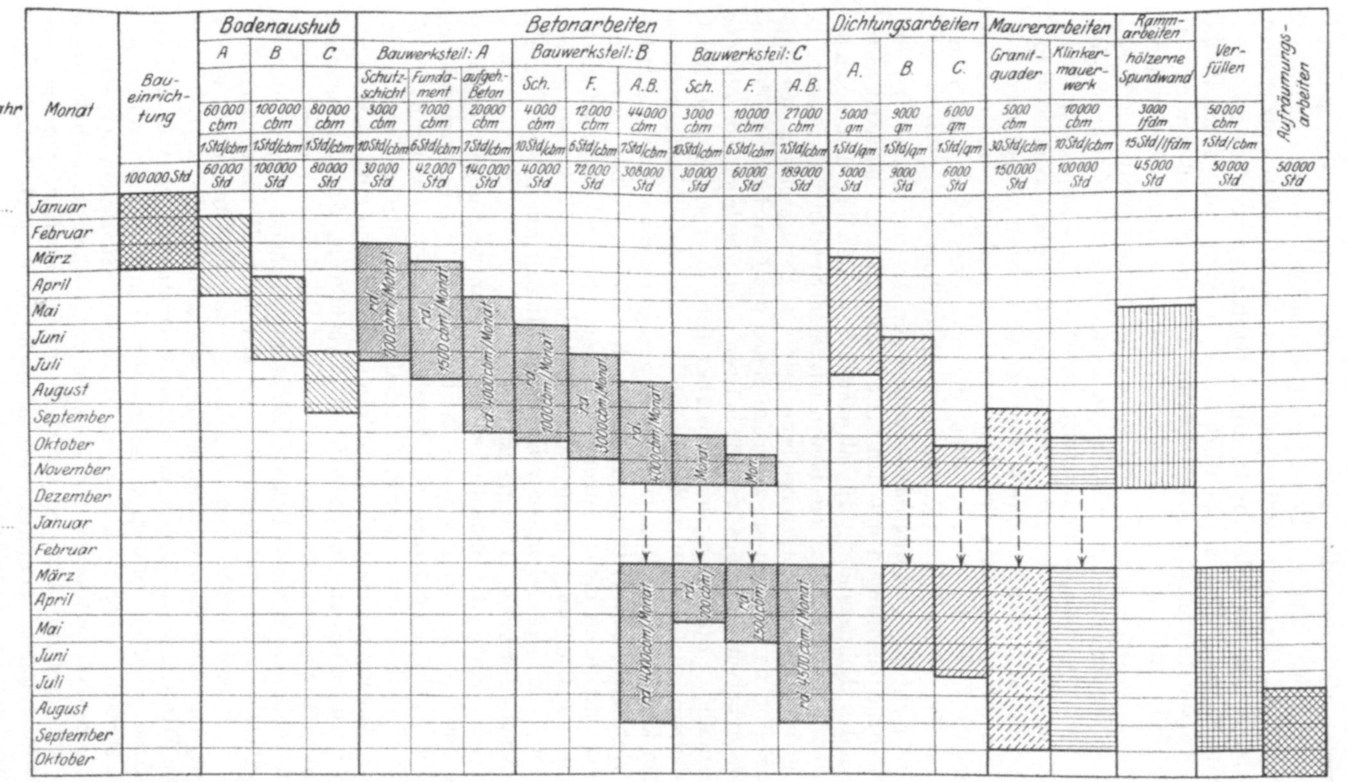

Abb. 16. Bauprogramm.

sämtliche vorbereitenden und vertraglichen Arbeiten des gesamten Baues festgelegt werden. Es sei jedoch schon hier bemerkt, daß nichts schwerer ist, als einen ordnungsgemäßen Betriebsplan aufzustellen, und daß er nur mit Hilfe von tüchtigen Bauführern möglich ist.

Ein Bauprogramm ist eigentlich weiter nichts als die durch Zahlen oder Kurven festgelegten Arbeitsleistungen. Gesagt muß werden, daß ein schlecht aufgestellter Betriebsplan viel gefährlicher werden kann, als keiner, da der Bauleiter selbst mehr oder weniger weittragende Entschlüsse für die ferne Zukunft nur an seiner Hand treffen kann. Wie schon oben erwähnt, soll er Leistung, Stundenzahl, Materialbedarf usw. enthalten. In einem derartig aufgestellten Betriebsplan müssen fortlaufend die tatsächlich auf dem Bau erzielten Werte eingetragen werden, um einen Vergleich zwischen den veranschlagten und den tatsächlichen Ergebnissen zu erhalten, die wiederum neuere und zuverlässigere Werte für die Vorkalkulation darstellen.

Der Kopf des Bauprogramms enthält die Art und Anzahl der einzelnen Arbeitsleistungen mit den für die Einheit und insgesamt anzuwendenden Lohnstunden. Im allgemeinen werden bei den Betriebsplänen für den Bauherrn die beiden letzteren Spalten fortgelassen.

Die im Vertrage vorgeschriebene Zeit zur Fertigstellung des Bauwerkes gibt die Grenzen an, zwischen denen die Baufristen für die einzelnen Arbeiten eingefügt werden müssen. Zu überlegen ist, ob eine zweckmäßige Unterteilung des Bauwerkes nicht rascher zum Ziele führt, da alsdann zugleich an mehreren Stellen die Arbeit aufgenommen werden kann. In Betracht muß ferner gezogen werden, daß die Hilfs- und Nebenarbeiten ordnungsgemäß in die Hauptarbeiten eingreifen, um Verzögerungen nicht eintreten zu lassen. So sind im angeführten Beispiel die Dichtungs-, Maurer- und Rammarbeiten Teile der Betonarbeiten, von deren richtiger rechtzeitiger Inangriffnahme der rasche Betonierungsfortgang abhängig ist.

Welche Höhe die monatlichen Betonierungsleistungen erreichen sollen und können, hängt von der Art und Anzahl der Betonmaschinen ab. Zu beachten ist ferner, daß Schalung genügend fertiggestellt ist, und die Zeiten für das Ein- und Ausschalen richtig abgeschätzt werden.

Die Baueinrichtung und die Aufräumungsarbeiten sind so kurz wie möglich zu bemessen, um Zeit für die Ausführung der vertraglichen Bauarbeiten zu gewinnen.

Zu bemerken ist noch, daß im beigefügten Schema (s. Abb. 16) die angegebenen Zahlen nur gegriffen sind, also keine Normen darstellen; sie sind so einfach wie möglich gehalten, um die Übersicht über die Anfertigung eines Bauprogramms zu erleichtern.

Die Wintermonate Dezember-Januar-Februar sind frei von Arbeitsleistungen gehalten, obwohl praktisch die einzelnen Bauarbeiten nur in den starken Frostperioden eingestellt werden. Sie stellen also immerhin eine gewisse Zeitreserve dar, in der in den vorhergehenden Monaten nicht fertiggestellte Arbeiten eingeholt werden können. Ob man die drei Wintermonate theoretisch wie im vorliegenden Falle freihält, oder mit beschränkten Arbeiten in ihnen von vornherein rechnet, bleibt

Kontierung	Bezeichnung der Arbeit
U.	**Unproduktive Arbeitsleistungen:**
U. I.	Allgemeine Bauarbeiten:
U. I. 1	Lagerverwaltung, Magazinarbeiten
U. I. 2	Bauschreiber
U. I. 3	Wächter
U. I. 4	Unterhaltungsarbeiten
U. I. 5	Außergewöhnliche Arbeiten
U. I. 6	Transportarbeiten
U. I. 7	Abladen von Waggons mit Holz
U. I. 8	Abladen von Waggons mit Maschinen und Geräten
	usw.
U. II.	Elektrische Installationsarbeiten:
U. II. 1	Elektrische Zentrale
U. II. 2	Freileitung für Kraft
U. II. 3	Montage der Motoren
U. II. 4	Freileitung für Licht
U. II. 5	Lichtinstallation in Baracken, Werkstätten
U. II. 6	Platzbeleuchtung
U. II. 7	Telephonanlage
	usw.
U. III.	Allgemeine Baueinrichtung:
U. III. 1	Baubüro
U. III. 2	Einrichtung des Lagerplatzes
U. III. 3	Bauführerbaracke
U. III. 4	Polier- und Arbeiterbaracken
U. III. 5	Magazin
U. III. 6	Nebengebäude, wie Aborte usw.
U. III. 7	Zimmereiwerkstatt
U. III. 8	Schlossereiwerkstatt
U. III. 9	Eisenbiegereiwerkstatt
	usw.

Kontierung	Bezeichnung der Arbeit
U. IV.	Besondere Baueinrichtung:
U. IV. 1	Brückenanlagen
U. IV. 2	Gleisanlagen
U. IV. 3	Betonmischanlagen
	usw.
P.	**Produktive Arbeitsleistungen:**
P. 1	Gerüste für Schalung und Kräne (Getrennt nach den Bauwerksteilen)
P. 1a	Herrichten
P. 1b	Aufstellen
P. 1c	Versetzen
P. 2	Schalungsarbeiten (Getrennt nach Bauwerksteilen)
P. 2a	Herstellen der Schalung
P. 2b	Einschalen
P. 2c	Ausschalen
P. 3	Betonarbeiten (Getrennt nach Bauwerksteilen)
P. 4	Eiseneinlagen (Getrennt nach Bauwerksteilen)
P. 4a	Herrichten der Eisen
P. 4b	Transport der Eisen
P. 4c	Verlegen der Eisen
P. 5	Werksteine versetzen
P. 6	Mauerwerk herstellen
P. 7	Erdarbeiten
	und die sonstigen vertraglichen Arbeiten, die man auf Grund der Vorkalkulation wiederum in die einzelnen Arbeitsverrichtungen teilen kann.

Abb. 17. Buchungsplan.

jedem freigestellt. Ich selbst ziehe ein Ausschalten der drei Wintermonate bei der Einteilung der Arbeiten vor.

Selbstverständlich kann man nun noch weitergehen und für die einzelnen Arbeiten spezielle Betriebspläne aufstellen, die aber mehr für den inneren Betrieb bestimmt sind. Man hat in diesem Falle nur das Bauwerk in die zweckmäßigsten Bauabschnitte und die Arbeiten in ihre einzelnen Arbeitsleistungen zu zergliedern, um sie alsdann in die Baufristen einzuschalten.

Gewinnt der Bauleiter den Eindruck oder die Überzeugung, daß das von ihm aufgestellte Bauprogramm von den Zeitverhältnissen überholt ist, so ist alsdann sofort ein neues aufzustellen, dem die neuen Werte bereits zugrunde gelegt werden. Eine allgemeine Bauregel besagt: „Betriebspläne sind dazu da, daß sie nicht eingehalten werden.“ Dieses berechtigt aber noch nicht, von ihrer Aufstellung vollständig abzusehen, da sie vor allem auch zum wirtschaftlichen Denken erzieht.

2. Buchungsplan.

Das Gerippe für die Nachkalkulation bildet das Kontierungsschema oder der Buchungsplan. Zu Beginn des Baues ist mit seiner sofortigen Aufstellung zu beginnen. Bei Festlegung desselben muß man sich von zwei Gesichtspunkten leiten lassen. Einmal ist das Kontierungsschema mit den einzelnen Positionen der vertraglichen Arbeiten und das andere Mal mit den Arbeiten im Kalkulationsvoranschlag in Einklang zu bringen. Des weiteren müssen in ihm Positionen für einzelne Arbeiten aufgeführt sein, die der Vor- und Nachkalkulation neue Unterlagen schaffen. Ferner soll es dazu dienen, die bestellten Materialien auf die einzelnen Arbeiten zu verteilen. Die eingehenden Rechnungen sind demzufolge an Hand des Kontierungsschemas auszubuchen. Aus den Materialanforderungszetteln für das Magazin muß der Verwendungszweck der Bestellung ersichtlich sein, da man sonst später gar nicht in der Lage ist, nachzuprüfen, wofür die einzelnen Lieferungen verbraucht wurden.

In der Anlage (s. Abb. 17) gebe ich ein Muster für einen Buchungsplan, der natürlich nicht als erschöpfend angesehen werden kann. Man wird jedoch aus ihm den einzuschlagenden Weg erkennen, der je nach Art der Baustelle alsdann weiter ausgebaut werden muß. Es bestehen zwei Hauptgruppen, die unproduktiven und die produktiven Arbeitsleistungen, unter die alsdann die einzelnen Arbeitsverrichtungen und vertraglichen Arbeiten einzuordnen sind.

3. Arbeitsberichte.

Die eigentlichen Unterlagen für die Nachkalkulation bilden die Arbeitsberichte der Poliere und Meister. Demzufolge ist auf ihre ordnungsmäßige Führung von Anfang an der größte Wert zu legen. Es sind den Polieren und Meistern die Gesichtspunkte, nach denen die Arbeitsberichte aufgestellt werden sollen, einzuprägen. Wenn es nicht anders geht, schreibe man ihnen in der ersten Zeit den Text für ihre

Arbeiten vor. Je nach Arbeitsart muß die Leistung angegeben werden, z. B. 10 t Eisen gebogen, 3 t Eisen aufgestellt usw. Doch ist hierbei die nötige Umsicht walten zu lassen, da man sonst in den Berichten am Schluß der betreffenden Arbeiten mehr Eisen verlegt und gebogen hat, als tatsächlich vorhanden ist. Die aufgewendete Zahl der Arbeitsstunden ist nach gelernten und ungelernten zu trennen. Von dieser Trennung wird von einzelnen Firmen wegen des geringen Unterschiedes Abstand genommen, was die Vereinfachung der Arbeitsberichte naturgemäß erhöht. Vor allem ist ferner darauf zu achten, daß sich die Stunden der Arbeitsberichte mit den Stunden der Lohnbücher decken, was am Schluß jeder Lohnwoche nachgeprüft werden kann.

Wie schon oben erwähnt, soll die Aufstellung der Arbeitsberichte es sowohl dem Stammhaus wie dem Bauleiter ermöglichen, eine genaue Nachkalkulation und Übersicht über die Leistungen einzelner Arbeitsgruppen, die Arbeiten des Vertrages und die Vorkalkulation zu erhalten. Da die Ausfüllung der Arbeitsberichte eine ganz bedeutende Arbeitsmehrleistung der betreffenden Meister und Poliere bedeutet, ist diesen diese Arbeit so viel wie irgend möglich zu erleichtern, denn je einfacher ihnen diese Arbeit gemacht wird, um so eher hat man die Gewähr, daß sie sorgfältig erledigt wird. Nach den bisherigen Bauerfahrungen hat der durchschnittliche Polier oder Meister eine verhältnismäßig geringe Schreibgewandtheit und nicht den genügenden Weitblick, so daß immerhin die Gefahr vorliegt, daß sie bei dem Aufstellen der Arbeitsberichte nachlässig verfahren werden. Darum ist die Forderung eines vorgedruckten Formulars zu erheben (s. Abb. 18), in das von dem betreffenden Bauführer wenigstens anfangs für jeden Meister die erforderlichen auszuwertenden Arbeiten aufgeführt werden.

Arbeitsbericht..................

Werkmeister (Polier):....................
Anzahl der Arbeiter:....................

Lohnwoche Nr....... von.......... bis........... 192...

Art der geleisteten Arbeit	Mittwoch	Donnerstag	Freitag	Sonnabend	Sonntag	Montag	Dienstag	Gesamtstunden	Kontierung	Bemerkungen
Lohnstunden insgesamt:										

Abb. 18.

4. Betriebsbücher.

Um für spätere Nachforschungen und Streitfragen zwischen Bauherrn und Unternehmer einwandfreie Unterlagen zu haben, ist es von großem Wert, sich über den Verlauf des Betriebes genaue Notizen zu machen, die um so wichtiger werden, sobald in zwei bzw. drei Schichten gearbeitet wird. Jeder Bauführer muß alsdann alle wichtigen Vorkommnisse in seiner Schicht in ein derartiges Betriebsbuch eintragen, wie z. B. Witterungsverhältnisse, Leistungen, die Höhe der in den 8 Stunden erreichten Betonschicht, mündliche Unterredungen mit dem Bauherrn, Betriebsunfälle und sonstige Beobachtungen. Es soll Grundsatz sein, daß jede Kleinigkeit seine Berechtigung hat, festgehalten zu werden. Außer diesen Eintragungen ist noch in einer besonderen Tabelle (s. Abb. 19) festzuhalten, wieviel Zement, Traß, Sand

Betriebsbuch fü

Datum	Arbeitsstelle	Mischstelle	Anzahl der Betonmaschinen	Schichtleistung						Tagesleistung				Fertiger Beton
				I. Schicht		II. Schicht		III. Schicht						
				Stdn.	Anzahl der Mischungen	Stdn.	Anzahl der Mischungen	Stdn.	Anzahl der Mischungen	Stdn.	Anzahl der Mischungen	Mischungskoeffizient	Anz. d. cbm fertig. Beton	Stdn cbm
1./II.	*Fundament*	*I*	*2*	*240*	*76*	*234*	*68*	*212*	*58*	*686*	*202*	*0,6*	*121*	*5,7*
2./II.	,,	*I*	*1*	*236*	*34*									
3./II.	,,	*I*	*2*	*254*	*79*									
4./II.	,,	*I*	*2*	*190*	*85*									
5./II.	,,	*I*	*2*	*223*	*68*									
6./II.	,,	*I*	*2*	*276*	*96*									
8./II.	,,	*I*	*1*	*257*	*38*									
9./II.	,,	*I*	*2*	*228*	*105*									
10./II.	,,	*I*	*2*	*212*	*107*									
11./II.	,,	*I*	*2*	*196*	*98*									
vom 1./II. bis 11./II.	*Fundament*	*I*	*2*	*2312*	*784*	*usw.*								

Abb. 1

und Kies in der achtstündigen Arbeitsschicht verbraucht ist, und wieviel Kubikmeter Beton geleistet sind.

Der jeweilige Obermonteur hat die Anweisung zu erhalten, daß er in regelmäßigen Abständen die Zählerablesungen in sein Betriebsbuch (vgl. Kapitel V) einträgt, um den verbrauchten Strom auf 1 cbm fertigen Beton festzustellen.

Diese Aufzeichnungen bilden nachher die Unterlagen für den wirtschaftlichen Nachweis des Betonbetriebes und der anderen vertraglichen Arbeiten.

5. Bautagebuch.

Außer diesen Betriebsbüchern hat der aufsichthabende Ingenieur bzw. Hauptbauführer das eigentliche Bautagebuch zu führen. Während die Betriebsbücher mehr die Unterlagen bilden für die spätere Nachkalkulation, stellt das Bautagebuch, wie schon sein Name sagt, die Aufzeichnungen für allgemeine Bauvorkommnisse dar. Je mehr Obacht von dem Bauleiter auf die rechtzeitige, gründliche Führung des Bautagebuches gelegt wird, desto rascher und gründlicher können später bei einem über mehrere Jahre hinaus dauernden Bau jederzeit Nachforschungen angestellt werden, da wohl selten auf derartigen Bauten das anfangs dafür eingestellte Personal bis zum Schluß der

den Betonbetrieb.

Materialverbrauch										Verteilung der Lohnstunden			
Zement		Traß		Grobkies		Feinkies		Sand		Herstellen und Verarbeiten des Beton	Erforderliche Nebenarbeiten	Erford. Unterhaltungsarbeit.	Bemerkungen
kg	Stdn.	cbm oder kg	Stdn.	cbm	Stdn.	cbm	Stdn.	cbm	Stdn.				
usw.													
													1 Mischmaschine in Reparatur
													Wicklung im Motor durchgeschmort
													Bauwerksteil fertiggestellt

Bauarbeiten bleibt. Man stelle sich vor, wie unendlich leichter es sein wird, bei späterhin auftretenden Streitfragen Aufklärung zu finden, zumal wenn die dafür verantwortlichen Personen nicht mehr auf dem Bau oder auch nicht mehr bei der Firma weilen. Alsdann tritt der Wert eines gründlich geführten Bautagebuches augenfällig in die Erscheinung.

Ganz allgemein gelten für die Eintragungen folgende Gesichtspunkte:

1. Witterungsverhältnisse.
2. Arbeiteranzahl.
3. Betriebseinstellungen.
4. Ursache von Bauverzögerungen, die durch verschiedene Art hervorgerufen werden können.

5. Mündliche Vereinbarungen zwischen Bauherrn und Unternehmer.

6. Anordnungen des Bauherrn, die der Unternehmer als nicht einwandfrei anerkennt, deren Abstellung er jedoch nicht erreichen konnte.

7. Sonstige Vorkommnisse, welche von Wichtigkeit sind oder werden können.

6. Sicherung der Betriebseinrichtungen.

Auf jeder Baustelle werden sich Unfälle niemals ganz vermeiden lassen. Pflicht des Bauleiters ist es jedoch, diese auf das geringste Maß zu beschränken, die hierfür notwendigen Sicherungsmaßnahmen anzuordnen und auf ihre Durchführung bedacht zu sein. Genaue Richtlinien hierfür stehen dem Bauleiter in den Unfallverhütungsvorschriften der Tiefbau-Berufsgenossenschaft zur Verfügung, deren Kenntnis ihm also auf jeden Fall zu empfehlen ist. Bei schweren Betriebsunfällen, die dauernde Arbeitsunfähigkeit oder Tod von Arbeitskräften zur Folge haben, wird sich gegebenenfalls der Bauleiter vor dem Richter zu verantworten haben. Er muß sich demzufolge darüber klar sein, daß eine derartige Instanz die von ihm getroffenen Maßnahmen auf das schwerste kritisieren wird.

Bei Einrichtung der Baustelle ist ferner darauf zu achten, daß an möglichst vielen Stellen, sei es innerhalb der Arbeiteraufenthaltsräume und Werkstätten oder auch an der Bekanntmachungstafel, die diesbezüglichen Unfallverhütungsvorschriften ausgehängt werden. Desgleichen sind an mehreren Stellen die Blätter „Erste Hilfe für Unglücksfälle" anzubringen. Im Magazin, gegebenenfalls auch in der Schlosserei, muß ein Verbandskasten vorhanden sein. Für schwere Unglücksfälle ist eine Tragbahre bereitzuhalten.

Während der Bauzeit sind tragende Gerüste mit ihren Verankerungen und die in Betrieb befindlichen Baumaschinen von Zeit zu Zeit nachzuprüfen. Eine derartige Revision hat mindestens einmal im Monat stattzufinden und ihr Ergebnis ist in ein dafür anzulegendes Buch aufzunehmen, in das auch die erfolgte Ausbesserung eingetragen wird.

Ein wichtiger Punkt ist ferner die Maßnahme zur Bekämpfung der Feuersgefahr, die bei den hölzernen Werkstätten, Magazin und Baubuden naturgemäß groß ist. Aus diesem Grunde sei man mit der Aufstellung von Wassertonnen mit darüberhängenden Eimern nicht zu kleinlich. Im Magazin, in den Bürobaracken und auch in den Werkstätten stelle man Feuerlöschapparate auf, deren Vorteile wohl jedem bekannt sein werden. Mancher entstandene Brand hat leicht im Keim erstickt werden können, weil ordnungsgemäße Feuerlöschgeräte sofort zur Stelle waren.

7. Materialbestellung.

Die für den Baufortgang notwendigen Einkäufe an Bau- und Betriebsstoffen lege man möglichst in eine Hand, deren Eignung jedoch vorher festzustellen ist. Erforderlich sind Warengeschäftskenntnis und Unbestechlichkeit, da der Versucher gerade auf diesem Gebiete fast täglich an den Betreffenden herantritt. Der Bauleiter soll demzufolge den Einkauf möglichst überwachen und entweder die Bestellungen selbst unterzeichnen oder sie von Zeit zu Zeit nachprüfen. Grundsätzlich ist zu fordern, daß kein Einkauf ohne Unterlage, in diesem Falle der Bestellschein, gemacht wird, damit die ordnungsgemäße Prüfung der eingehenden Lieferungen und Rechnungen erfolgen kann. Dem Bauleiter muß auch hier wieder bekannt sein, in welchem Umfange er Bestellungen vorzunehmen hat. Betriebsstoffe, wie Öle, Fette usw. und Baustoffe, wie Nägel, Bauklammern, Bauschrauben, Drahtseile, Hanftaue mit Zubehör usw., sollten gleich in solchem Umfange eingekauft werden, daß der Kleineinkauf vermieden wird. In Zeiten der fortschreitenden Geldentwertung ist die Massenbestellung grundsätzlich zu fordern, da dadurch für den Bau große Gelder gespart werden können.

Jede Bestellung muß entweder durch ein Bestellschreiben oder einen Bestellzettel belegt sein. Auf ihnen dürfen die nachstehenden Stempelaufdrücke auf keinen Fall fehlen.

Jeder Lieferung ist 1 Lieferschein mitzugeben, da sonst Annahme verweigert wird.

Rechnungen sind in zweifacher Ausfertigung unter Beifügung der Bestellzettel einzureichen.

Der rote Aufdruck ist empfehlenswerter, weil er dem Lieferanten sofort ins Auge fällt. Jeder Lieferung ist aus dem Grunde ein Lieferschein mitzugeben, damit der Magazinverwalter den richtigen Eingang prüfen kann.

V. Nachkalkulation.

Über den wirtschaftlichen Stand eines Baues soll die Nachkalkulation Aufschluß geben. Der Bauleiter hat daher von Beginn des Baues an die notwendigen Maßnahmen anzuordnen. Wird dieses unterlassen und erst nach Monaten mit der Sammlung der Unterlagen für die Nachkalkulation begonnen, dann ist an eine einwandfreie Aufstellung nicht mehr zu denken.

Die Nachkalkulation baut sich in folgender Weise auf:

a) die Lohnbücher der Poliere und Meister ergeben die Anzahl der beschäftigten Arbeiter und ihrer Betriebsstundenzahl,

b) die Arbeitsberichte der Poliere und Meister, für die geeignete Formulare angefertigt werden müssen, geben Aufschluß über die Verteilung der Arbeitsstunden auf die einzelnen geleisteten Arbeiten,

c) das Kontierungsschema teilt die vertraglichen und vorbereitenden Arbeiten in einzelne Arbeitsvorgänge ein, die zum Teil auf die Art der Vorkalkulation Rücksicht nehmen müssen. Als praktisch hat sich die Teilung der Arbeitsstunden nach produktiven, das sind die vertraglichen Arbeiten und unproduktiven Löhnen, das sind die vorbereitenden und Hilfsarbeiten, erwiesen,

d) von Baubeginn an versehe man die einzelnen Lohnwochen mit fortlaufenden Nummern, da der Abschluß einer Lohnwoche immer eine gewisse Kontrolle der aufgewendeten Arbeitsstunden nach Arbeitsberichten und Lohnbüchern darstellt.

Nachdem man diese vorbereitenden Arbeiten erledigt hat, erfolgt:

1. durch einen besonders dafür eingestellten Bauschreiber oder Techniker die Auskontierung der Arbeitsberichte der Poliere und Meister,
2. die Zusammentragung dieser Arbeitsberichte zu Wochenberichten,
3. die Eintragung dieser Wochenberichte in ein übersichtliches Formular, dessen Kopf das Kontierungsschema bildet, aus dem laufend der Stand der aufgewendeten Lohnstunden für eine einzelne Arbeit genau zu ersehen ist (s. Abb. 20).

Lohnstun

Lohnwoche		U — Unproduktive Arbeitsleistungen																								
		I. Allgemeine Bauarbeiten										II. Elektrische Installationsarbeiten									III. Allgemeine B					
		1	2	3	4	5	6	7	8	9		1	2	3	4	5	6	7	8		1	2	3	4	5	6
		Lagerverwaltung, Magazinarbeiten	Bauschreiber	Wächter	Unterhaltungsarbeiten	Außergewöhnliche Arbeiten	Transportarbeiten	Abladen von Waggons mit Holz	Abladen von Waggons mit Maschinen und Geräten	usw.	Gesamt-Stundenzahl	Elektrische Zentrale	Freileitung für Kraft	Montage der Motoren	Freileitung für Licht	Lichtinstallation in Baracken und Werkstätten	Platzbeleuchtung	Telephonanlage	usw.	Gesamt-Stundenzahl	Baubüro	Einrichtung des Lagerplatzes	Bauführerbaracke	Polier- und Arbeiterbaracken	Magazin	Nebengebäude, wie Aborte usw.
Nr.	vom ... bis ...																									
I																										
II																										

Abb

Unabhängig hiervon sind im technischen Büro folgende Arbeiten vorzunehmen:

1. Die Massenaufstellung von

Baubuden und Werkstätten (s. Abb. 21).

a) Verbrauchtes Holz.

b) Verbrauchtes Eisenzeug.

c) Sonstige Baustoffe.

Um Vergleichsrechnungen aufstellen zu können, sind diese Kosten auf eine Einheit, wie 1 qm Bodenfläche oder 1 cbm bebauten Raum, zurückzuführen.

Massenermittelung für Baracken und Werkstätten.

Bezeichnung	Grundfläche	Umbauter Raum	Holzverbrauch				Kleineisenzeug			Dachpappe	Fenster	Bemerkungen
			Kantholz	Rundholz	Bohlen	Bretter	Nägel	Schrauben	Klammern			
	qm	cbm	cbm	cbm	cbm	cbm	kg	kg	kg	qm	Stck.	

Abb. 21.

2. Die Massenaufstellung von

Brücken und Gerüsten. (Vgl. Abb. unter Kapitel III 3.)

a) Verbrauchtes Holz (Rund- und Schnittholz).

b) Eisenzeug.

c) Gleismaterial.

d) Erdarbeiten.

Die Umrechnung dieser Kosten hat wiederum auf eine Einheit zu erfolgen.

sicht.

						P — Produktive Arbeitsleistungen																					
g	IV. Besondere Baueinrichtung					1. Gerüste für Schalung und Kräne (getrennt nach Bauwerksteilen)					2. Schalungsarbeiten (getrennt nach Bauwerksteilen)					3. Betonarbeiten (getr. nach Bauwerksteilen)			4. Eiseneinlagen (getrennt nach Bauwerksteilen)					5.	6.	7.	usw.
	1	2	3	4		a	b	c			a	b	c						a	b	c						
Gesamt-Stundenzahl	Brückenanlagen	Gleisanlagen	Betonmischanlagen	usw.	Gesamt-Stundenzahl	Herrichten	Aufstellen	Versetzen	usw.	Gesamt-Stundenzahl	Herstellen der Schalung	Einschalen	Ausschalen	usw.	Gesamt-Stundenzahl			Gesamt-Stundenzahl	Herrichten	Transport	Verlegen	usw.	Gesamt-Stundenzahl	Werksteine versetzen	Mauerwerk herstellen	Erdarbeiten	

3. Aufstellung der geleisteten vertraglichen Arbeit nach den Einheitssätzen des Vertrages.

Hierfür bilden, was den Betonbetrieb anbelangt, die Betriebsbücher eine gute Unterlage, da sie Aufschluß geben über das Verhältnis von produktiven und unproduktiven Arbeiten. Auf diese Weise ist es dem Bauleiter leicht möglich, festzustellen, wo die Fehler der Unwirtschaftlichkeit stecken, um alsdann vorbeugende Maßnahmen sofort treffen zu können.

4. Die Zusammenstellung des Verbrauches an elektrischem Strom.

Der Verbrauch an elektrischem Strom ist an den Zählern der einzelnen Stromkreise täglich abzulesen und in das Betriebsbuch vom Obermonteur bzw. Meister einzutragen. Auf diese Weise ist die Belastung der einzelnen Bauarbeiten durch den Stromverbrauch leicht zu ermitteln. In Abb. 22 ist ein Muster für derartige Aufzeichnungen beigefügt.

Datum	Arbeits-Schicht	Stromkreis I	Stromkreis II	Licht-verbrauch	Umformer	Bemer-kungen
		Baubetrieb	Werkbetrieb			
		kW	kW	kW	kW	

Abb. 22.

Nunmehr kann mit der Zusammenstellung der eigentlichen Gesamtkalkulation mit ihren Endwerten begonnen werden, auf die sich alsdann die wirtschaftliche Berechnung durch den Bauleiter aufbaut, auf Grund dessen er sowohl wie das Stammhaus ein klares Bild von der Wirtschaftlichkeit des Baues erhält. Diese endgültige Nachkalkulation besteht aus folgenden Teilen:

1. **Die Stundenzusammenstellung.** Sie gibt Aufschluß über die aufgewendeten Lohnstunden für die im Kontierungsschema aufgeführten Arbeitsverrichtungen und Vertragsleistungen.

2. **Die Massenaufstellung der geleisteten Kubikmeter Beton.** Sie stellt fest, was an Beton in den einzelnen Zeiteinheiten und Bauwerksteilen tatsächlich gegenüber Vertrag und Vorkalkulation geleistet ist.

3. **Die Schalungszusammenstellung.** Sie erläutert den Verbrauch an Schnitt-, Kantholz und den Hilfsbaustoffen für die einzelnen Bauwerksteile und den auf den Kubikmeter Beton entfallenden Anteil.

4. **Die Nachkalkulation der vertraglichen Arbeiten.** Sie ergibt die Gegenüberstellung von Vertrag und Vorkalkulation gegenüber der tatsächlichen Arbeitsleistung.

5. **Die Zusammenstellung über den Verbrauch an elektrischem Strom.** Sie ergibt den Anteil an Stromkosten auf die einzelnen vertraglichen und sonstigen Arbeitsleistungen.

6. **Die Aufstellung der Wirtschaftlichkeitsberechnung.** Sie ergibt den augenblicklichen Stand des Baues gegenüber Vertrag und Vorkalkulation und wird außerdem mit den festgestellten Leistungsergebnissen als veredelte Vorkalkulation auf die noch nicht ausgeführten Arbeiten ausgedehnt, um Aufschluß zu geben, wie unter dieser Annahme sich die Wirtschaftlichkeit des Baues nach Fertigstellung ergeben würde.

7. **Die Aufstellung über bereits eingegangene und noch zu fordernde Beträge vom Bauherrn und Stammhaus.** Sie gibt Aufschluß über den Stand der Finanzen, und in welcher Höhe der Bau weitere Geldmittel bedarf bzw. diese bereits als überschüssig an das Stammhaus abführen kann.

Derartig aufgezogene Wirtschaftlichkeitsuntersuchungen sind mindestens alle Vierteljahr vom Bauleiter vorzunehmen. Sie dienen dem Stammhaus und ihm als Kontrolle für die Wirtschaftlichkeit des Baues. Den Bauleiter besonders erziehen sie organisch zum wirtschaftlichen Denken und zwingen ihn, finanziellen Verlusten, wenn auch noch so gering, nachzugehen. Leicht wird es ihm alsdann möglich sein, festzustellen, ob es an der Materie selbst oder an der falsch angesetzten menschlichen Arbeitskraft liegt. Zusammen mit dem Leiter der betreffenden Arbeitsleistung kann dann an eine Umstellung herangegangen werden.

Das ist es ja, was so vielen Menschen fehlt, daß sie nicht das Trägheitsmoment ihrer stagnierenden Kräfte mit eigenen Mitteln überwinden können oder wollen. Und darum soll der Bauleiter für seine ihm unterstellten Leute die motorische Kraft darstellen, die sie immer und immer wieder vor der Energie vergeudenden Erstarrung schützt.

VI. Vorkalkulation.

Nachdem ich nunmehr in den vorhergehenden Kapiteln die Einrichtung, Betriebsführung und Nachkalkulation erläutert habe, kann an die Behandlung der Vorkalkulation herangegangen werden. Die Frage, warum ich sie statt zu Beginn meiner Arbeit ans Ende verlegt habe, möchte ich dahin beantworten, daß sich weitere Vorkalkulationen auf die Nachkalkulation aufbauen bzw. durch sie dauernd einer Verbesserung unterzogen werden.

Das Kalkulationswesen wird von jeder Firma nach verschiedenen Gesichtspunkten gehandhabt, die mehr oder weniger geheim gehalten werden. Naturgemäß kann ich in Nachstehendem auch nur für einzelne Teile Richtlinien geben, da die Höhe der heimischen Verwaltungskosten und der Bauunkosten ganz von der Wertigkeit der Firma, von der Art des Baues und der jeweiligen Wirtschaftslage abhängt. Ihre Größe ist demzufolge nicht zu ermitteln, ohne bestimmte Voraussetzungen zu machen, die an und für sich wertlos sind.

Eine Vorkalkulation kann niemals übersichtlich genug aufgestellt werden. Ich würde immer empfehlen, sie in die endgültige Zusammenstellung der Angebotspreise gemäß beilie-

Position	Einheit		Art der Ausführung oder der vertraglichen Arbeit	Selbstkosten		Selbstkosten insgesamt	Miete u. Abschreibung für Geräte u. Materialverbrauch	Selbstkosten + Materialverbrauch u. Geräteverbrauch	Bauunkosten	Selbstkosten + Materialverbrauch u. Gerätemiete + Baunkosten	Allgemeine Unkosten	Selbstkosten + Materialverbrauch u. Gerätemiete + Bauunkosten + Allgemeine Unkosten	Gewinn	Selbstkosten + Materialverbrauch u. Gerätemiete + Bauunkosten + Allgem. Unkosten + Gewinn	Umsatzsteuer	Selbstkosten + Materialverbrauch u. Gerätemiete + Bauunkosten + Allgem. Unkosten + Gewinn + Umsatzsteuer	In das Angebot einzusetzender		Bemerkungen
	Anzahl	Art		Stundenanzahl à	Wert in												Einheitspreis	Gesamtpreis	
				M	M		%		%		%		%		%				
Gesamtsumme:																			

Abb. 23. Kalkulations-Tabelle.

gender Tabelle (s. Abb. 23) und in ihre Unterlagen, die ihr auf besonderen Blättern anzuheften sind, zu trennen. Aus der Zusammenstellung geht der eigentliche Aufbau einer Kalkulation einwandfrei hervor. Sie hat meiner Meinung nach den Vorteil, daß die Prüfungsstellen leicht auftretende Fehler in der Auffassung des Kalkulators finden und berichtigen können.

Nicht vergessen möchte ich, hierbei auf die teilweise gewaltigen Unterschiede bei Angeboten hinzuweisen, deren Ursprung entweder auf eine ungenaue Kalkulation oder aber auf die verschiedene Auffassung in der Höhe der Selbstkosten und vor allen Dingen auf den Umfang der auf dem Bau zur Verteilung kommenden allgemeinen und Geschäftsunkosten zurückzuführen ist. Beispielsweise ist die Frage der Belastung des Baues durch Miete und Abschreibung von Geräten abhängig von dem Umfang und der Organisation der betreffenden Firma, da alsdann eine sorgfältigere Verteilung vorgenommen wird.

Ferner wird die hochwertige Ingenieurfirma durch ihren heimischen Stamm an Ingenieuren, Technikern und Kaufleuten einen höheren Unkostensatz haben als die reine Unternehmerfirma.

Die Grundbedingung für eine einwandfreie Vorkalkulation muß sein:

1. Genaue Kenntnis der einzelnen Arbeitsvorgänge.
2. Genaue Kenntnis der Leistungsfähigkeit der Baugeräte und Baumaschinen.
3. Genaue Kenntnis, was an Baumaschinen, Baugeräten, Werkzeugen, Bau- und Betriebsstoffen für den betreffenden Bau notwendig ist.
4. Genaue Kenntnis der Lage des Bauwerkes.
5. Genaue Kenntnis der Preis- und Lohnbildung.
6. Genaue Erfassung der Bauunkosten und Allgemeinunkosten.

B. Technisch-kaufmännischer Teil.

Unter den technisch-kaufmännischen Teil fallen alle diejenigen Arbeiten, deren Gebiet ein Zusammenarbeiten von Kaufmann und Techniker erfordert. Es handelt sich vorerst um zwei Gruppen: die Lagerbuchführung und die Abrechnungsarbeiten. Die lohnbuchhalterischen Arbeiten und die Rechnungsprüfung, die eigentlich hier gleichfalls einzuordnen wären, da sie das Hand-in-Hand-Arbeiten noch mehr veranschaulichen, habe ich herausgelassen, um das einheitliche Bild des kaufmännischen Betriebes nicht zu stören. Gesagt muß werden, daß bedauerlicherweise fast immer eine gewisse Spannung zwischen kaufmännischen und technischen Angestellten auf einer Baustelle herrscht, deren Grund in der mangelhaften Einschätzung des gegenseitigen Arbeitsgebietes liegt. Wenn der Kaufmann sich öfters um den Fortgang der Bauarbeiten an Ort und Stelle überzeugen und andererseits der Techniker sich ein Bild machen würde, von der unendlich wertvollen Kleinarbeit des Kaufmanns, dann könnte das gesamte Triebwerk einer Baustelle viel leichter und reibungsloser laufen.

I. Lagerbuchführung.

Im Kapitel II, 5 ist die allgemeine technische Einrichtung des Magazins geschildert worden. Man ersieht aus ihm bereits, wie der Betrieb hohe Anforderungen stellt, deren Spitzenleistung gerade in die erste Zeit der Bautätigkeit fällt. Hier hat der Kaufmann einzugreifen, um mit Hilfe der umfassend angelegten Lagerbuchführung den einheitlichen klaren Aufbau der Materialverwaltung zu gewährleisten. Versäumt er infolge mangelnder Sachkenntnis oder Bequemlichkeit die rechtzeitige Organisation, so können späterhin Inventur, Nachkalkulation und Nachforderungen an den Bauherrn ganz erheblichen Zeit- und Kostenaufwand erfordern, wenn nicht gar sie ganz unterbinden.

Die Lagerbuchführung zergliedert sich in:

1. Das Materialeingangsbuch.
2. Die Lagerkartothek.

Das Materialeingangsbuch ist für die Kontrolle und Abrechnung der eingehenden Sendungen und Lieferungen unerläßlich, da man aus demselben jederzeit den Lieferanten, die Art der Sendung und den Preis der Anschaffung sowie die Nummer der Lagerkartothek entnehmen kann.

Dementsprechend ist das Schema, wie die Abb. 24 zeigt, auszubilden. In die Spalte Bemerkungen kann die erfolgte Rücklieferung, voller Verschleiß oder dgl. aufgenommen werden, um am Schluß des Baues leicht den Verbleib feststellen zu können.

Baustelle:				Monat:				192
Tag des Eingang(e)s	Anzahl	Gegenstand	Lieferant	Anschaffungspreis		Kartothek-Eintrag.	Rechnungs-Nr.	Bemerkungen
				Einzeln	Gesamt			

Abb. 24.

Zur besseren Übersicht kann bei umfangreichen Baustellen das Materialeingangsbuch wiederum unterteilt werden in die Hauptgruppen: Lieferungen des Stammhauses und Lieferungen, die vom Baubüro direkt veranlaßt sind.

Die weitere Gliederung erfolgt dann je nach Art der Geräte und Baustoffe.

I. Materialeingangsbuch des Stammhauses:

a) Großgeräte.
b) Kleingeräte.
c) Werkzeuge.
d) Elektrische Großgeräte.
e) Elektrische Kleingeräte.
f) Elektrische Baustoffe.
g) Holzlieferungen.
h) Sonstige Baustoffe.
i) Betriebsstoffe

II. Materialeingangsbuch für Lieferungen durch das Baubüro:

a) Großgeräte.
b) Kleingeräte.
c) Werkzeuge.
d) Eisenlieferungen.
e) Holzlieferungen.
f) Betriebsstoffe.
g) Sonstige Baustoffe.

Die Lagerkartothek ist alphabetisch zu führen. Eine Anordnung der einzelnen Karten nach fortlaufenden Nummern ist zu verwerfen, da hierdurch der Überblick und eine geordnete Einreihung der Karten verlóren gehen muß, zumal die Materialien zu viel verschiedene Sorten aufweisen. Greifen wir beispielsweise die Schraubenschlüssel heraus, so nimmt die Kartothekkarte unter

S_1 die Schraubenschlüssel $^5/_8$
S_2 ,, ,, $^3/_4$
S_3 ,, ,, $^3/_8$

usw. auf.

Durch eine derartige alphabetische Reihenfolge kann der Verschiedenartigkeit der einzelnen Materialsorten wiederum Rechnung getragen werden, da der betreffende Buchstabe im Alphabet durch Anfügung von Zahlen leicht beliebig erweitert werden kann.

Die Einteilung der Karten kann nach beifolgendem Muster (s. Abb. 25) vorgenommen werden. Sie bleibt jedoch im großen und ganzen dem Kaufmann überlassen. Zu beachten ist die beiderseitige Benutzung und die Wahl eines sehr dauerhaften harten Kartons, da er durch den Gebrauch einem erheblichen Verschleiß unterliegt, wodurch die Eintragungen leicht unleserlich gemacht werden können.

Anschweißenden 18 mm | **A** Nr. 1

Eingang					Ausgang				
Datum der Lieferung		Lieferung	Liefer-schein-Nr.	Stck/kg	Datum der Ausgabe		Empfänger	Stck/kg	Bestand Stck/kg
6.	*Nov.*	*Meier*		*500*	*7.*	*Nov.*	*Bau (Gerüste)*	*150*	*350*
					9.	,,	,, ,,	*60*	*290*
					15.	,,	,, ,,	*130*	*160*
					23.	,,	,, ,,	*112*	*48*
27.	*Nov.*	*Schultze*		*600*					*648*
					3.	*Dez.*	,, ,,	*200*	*448*

Abb. 25.

Wie bereits im Kapitel IV, 7 erwähnt, erfolgt die Materialbestellung durch den beauftragten Angestellten, wobei den Lieferanten die Einreichung von Lieferscheinen vorzuschreiben ist. An Hand derselben prüft der Magazinverwalter die Materialeingänge und bescheinigt die ordnungsgemäße Lieferung durch einen Stempelaufdruck:

„Lieferung einwandfrei.“

Die gesamten Lieferscheine werden durch ihn gesammelt, da er sie zur Eintragung in die Kartothek noch später benutzen muß. Die Nummer der Kartothekkarte wird wiederum auf dem Lieferschein vermerkt, um eine Kontrolle der erfolgten Eintragung zu haben.

Bei der späteren Rechnungsprüfung schreibt der Magazinverwalter auf der 2. Ausfertigung der Rechnung hinter jeder einzelnen Position in Rot die Nummer der Kartothekkarte ein, damit der Kaufmann dieselbe in das Materialeingangsbuch, in das bereits der übrige Teil der Rechnung eingetragen ist, vermerken kann. Erfolgen die Lieferungen durch das Stammhaus, so verbleibt eine Ausfertigung des Lieferscheines beim Lagerverwalter, die zweite geht wiederum mit den eingetragenen Kartotheknummern ins kaufmännische Büro zurück.

Durch den auf den ersten Blick als sehr umständlich erscheinenden Geschäftsgang soll man sich aber nicht verleiten lassen, ihn als überflüssig beiseite zu schieben, denn nur auf diese Weise kann eine geordnete Verbuchung stattfinden, die bis ins kleinste Aufschluß über jeden Materialeingang, ihren Anschaffungspreis und Lieferanten gibt.

Materialverwalter und Kaufmann sind demzufolge sorgfältig auf ihre Eignung zu prüfen.

II. Abrechnungsarbeiten.

Bevor ich auf die Abwickelung der Abrechnungsarbeiten näher eingehe, ist es notwendig, wenigstens kurz den Bauvertrag zu erläutern, da er die Unterlage für sie bildet.

Allgemein wird sich der Bauvertrag immer in drei Teile gliedern:

I. Das eigentliche Angebotsformular.
II. Die Bauvorschriften.
III. Die allgemeinen Bedingungen.

Der alte Bauvertrag vor dem Kriege mit seinen festen Preisen ist durch den gleitenden Vertrag abgelöst worden, weil die wirtschaftlichen Nachkriegsverhältnisse zwangsläufig zu einer Anerkennung der allzusehr einseitig vom Unternehmer getragenen finanziellen Lasten, wie eingangs schon erläutert, führten. Treten stabile Preisverhältnisse wieder ein, dann sollte der feste Bauvertrag wieder in seine Rechte treten, denn nur er läßt Bauherrn und Unternehmer die Verantwortung der wirtschaftlichen Bauausführung gleichmäßig tragen.

Beim gleitenden Vertrag ist es immer schwierig, eine derartige Gleitskala aufzustellen, daß einmal alle Steigerungen erfaßt werden und andererseits dem Unternehmer nicht die Möglichkeit gegeben wird, auf Kosten des Bauherrn für den Bau nicht unbedingt notwendige Materialien anzuschaffen und in der Anzahl der für die vertraglichen Arbeiten aufzuwendenden Lohnstunden die wirtschaftlichste Beschränkung, wie sie die Vorkalkulation dem Unternehmer vorschreibt, walten zu lassen.

Welche Steigerungen können nun eintreten und geben dem Unternehmer das moralische Recht, ihre Tilgung durch den Bauherrn zum größten Teil eintreten zu lassen? Es sind:

I. Auf dem Gebiet der Arbeitskräfte:

a) Die Löhne.

b) Die Gehälter.

II. Auf dem Gebiet der Sachwerte:

a) Die sogenannten Mietgeräte, welche von der Unternehmerfirma dem Bau nur gegen einen festen Mietsatz entliehen werden. Hierunter fallen wohl sämtliche Großgeräte.

b) Die übrigen Geräte, Werkzeuge und Baustoffe.

c) Die Betriebsstoffe.

Diese Mehrausgaben können dem Unternehmer auf verschiedene Weise zurückerstattet werden:

1. Als Zuschlag auf die Mehrlöhne, d. h. auf die Löhne, die über den Vertragslohn hinausgehen. Dieser hätte demzufolge die unter I und II aufgeführten Mehrausgaben abzugelten. Da sie umfangreiche Beträge im Verhältnis zum ganzen Bauauftrag ausmachen können, würde der Zuschlag sehr hoch werden. Also liegt hier die Möglichkeit auf der Hand, daß dem Unternehmer der Anreiz verloren geht, wirtschaftlich im Rahmen seiner Vorkalkulation zu arbeiten, da eine vergeudete Lohnstunde nicht in vollem Umfange ihn trifft, sondern durch die Zuschläge erheblich gemildert wird.

2. Als Erhöhung der Einheitspreise beim Steigen der Löhne, d. h. steigt der Arbeitslohn um einen gewissen Betrag, dann erhöht sich automatisch der Einheitspreis der vertraglichen Arbeiten um eine bestimmte Summe, in der die gesamte Abgeltung für Mehraufwendungen enthalten ist. Da dieser Betrag bei Abgabe des Angebotes vom Unternehmer auszufüllen ist, so wird sich selbstverständlich eine Prüfung der Angebote nach der billigsten Ausführung hin erschweren.

Auch diese Möglichkeit ist nicht einwandfrei, wenn sie auch meiner Ansicht nach dem ersten Wege vorzuziehen ist, weil sie wenigstens etwas mehr den Unternehmer anhält, in der Zahl der aufzuwendenden Lohnstunden sparsam zu sein.

3. Besteht die Möglichkeit, Lohn- und Materialmehraufwendungen vollständig zu trennen. Der Unternehmer erhält einmal, wie bisher üblich, seine Mehrlöhne mit einem prozentualen Aufschlag vergütet, der die allgemeinen Unkosten und die Bauunkosten deckt. Sämtliche Mehrpreise für Mietgeräte, sonstige Geräte, Werkzeuge und Baustoffe erhält er dagegen nach dem Verlauf der Preiskurven für Kohle und Eisen, die zur Herstellung für sämtliche Fertigfabrikate notwendig sind, zurückerstattet. Die Festsetzung der Kohlen- und Eisenpreise erfolgt ohnehin durch die großen wirtschaftlichen Verbände, dem Kohlen- und Eisensyndikat, so daß für Unternehmer wie Bauherrn einwandfreie Unterlagen vorhanden sind. Der bei beiden festgestellte und gemittelte Aufschlag käme auch als Vergütung für den Unternehmer in Frage.

Zu untersuchen ist nun noch, wie die Höhe der auf dem Bau befindlichen Materialien und Geräte festzustellen ist. Hier bleibt nur die Möglichkeit, daß der Unternehmer bei Abgabe seines Angebotes die Summe für Leihgeräte, für die er also nur einen Mietsatz berechnet, und den Endbetrag für sämtliche anderen Geräte, Werkzeuge und Baustoffe angibt. Im ersteren Falle erhält er von den Preissteigerungen nur den Mehrmietsatz pro Monat; für sämtliche anderen Stoffe werden die gesamten Mehrpreise an Hand der einzureichenden Rechnungen vergütet. Der Bauherr braucht also nicht auf die Höhe der einzelnen Rechnungen einzugehen, sondern vergütet so lange die Mehrpreise, bis die im Angebot festgelegte Summe erreicht ist, indem er von der Rechnungsendsumme nur die gemittelte prozentuale Steigerung von Kohle und Eisen abzieht und bezahlt.

Meiner Meinung nach kann der Unternehmer beide Angaben im Angebot ruhig machen, da sie nur eine Endsumme darstellen, die das Geheimnis seiner Kalkulation nicht preisgeben. Andererseits vermitteln sie ihm wie dem Bauherrn einwandfreie Unterlagen, um die Frage der Rückvergeltung der in der Vorkalkulation vom Unternehmer nicht zu erfassenden Preissteigerungen unparteiisch zu lösen. Der Bauherr hat außerdem noch an Hand des vom Unternehmer wie bisher einzureichenden Bauprogramms mit den aufzuwendenden Lohnstunden ein Mittel, um die Angaben des Unternehmers im Rahmen des Angebotes nachzuprüfen.

Da nun nicht die gesamte Höhe der Mietbeträge von Beginn des Baues an maßgebend sein können, weil ja alsdann der Unternehmer zu viel zurückvergütet erhalten würde, ist so zu verfahren, daß für das erste Viertel der Bauzeit $^2/_3$ der im Vertrag angegebenen Mietsumme, für das zweite und dritte Viertel der volle Betrag, im letzten Viertel wiederum $^2/_3$ der Summe in Anrechnung zu bringen wären.

Die Rückvergütung der Betriebsstoffe gestaltet sich einfacher, da ihr Verbrauch in jedem Fall leicht nachzuprüfen ist. In Frage kommen:

Steinkohlen und Briketts,
Braunkohlen und Briketts,
Koks,
die verschiedenen Öle,
die verschiedenen Fette,
Leitungswasser,
elektrischer Strom.

Für sie sind Grundpreise im Vertrag festzulegen. Die über sie hinausgehenden Mehrpreise werden an Hand der einzureichenden Rechnungen dem Unternehmer zurückgezahlt. In die Hauptleitungen für Wasser und Strom können Zähler eingebaut werden. In manchen Fällen werden die Betriebsstoffe dem Unternehmer zur Verfügung gestellt bzw. ihm ein Vorschuß gezahlt, um den sofortigen billigen Einkauf zu ermöglichen. Man ersieht also hieraus, daß es genug Möglichkeiten gibt, um einen für beide Teile günstigen Weg zu finden.

Zur besseren Veranschaulichung führe ich im folgenden zwei Beispiele an, in die ich der Einfachheit halber runde Werte eingesetzt habe.

1. Beispiel:

Bei Abgabe des Angebots betrug
a) die Höhe der Mietgeräte: 15 Mill. Mark,
b) die Höhe der anderen Geräte, Werkzeuge und Brennstoffe: 12 Mill. Mark.

Die Dauer der Bauzeit beträgt 16 Monate.

Die Mietsumme wird in Anrechnung gebracht:
im $^1/_4$ der Bauzeit zu $^2/_3$ = 10 Mill. Mark,
im $^2/_4$ und $^3/_4$ der Bauzeit zu $^3/_3$ = 15 Mill. Mark,
im $^4/_4$ der Bauzeit zu $^2/_3$ = 10 Mill. Mark.

Steigt beispielsweise im ersten Monat der Bauzeit die Kohle um 10%, Stabeisen um 20%, so ist das Mittel der Preissteigerung 15%. Also
15% von 10 Mill. Mark der Vertrags-Mietsumme = 1 500 000 Mark.
Hiervon 2% pro Monat zu vergüten = **30 000 Mark.**

Bleibt die Preissteigerung für die drei folgenden Monate in gleicher Höhe, so ergibt sich für das $^1/_4$ der Bauzeit eine

Mehrmiete von 4 × 30 000 = **120 000 Mark.**

In den weiteren acht Monaten erfolgt eine neue Preiserhöhung von Kohle und Eisen gegenüber den Preisen beim Vertragsabschluß um 50%. Es kommt nunmehr der volle Grundwert in Anrechnung, d. h.

50% von 15 Mill. Mark = 7,5 Mill. Mark.
Hiervon 2% pro Monat = **150 000 Mark.**

Also in 8 Monaten ein Mehrmietsatz von **1 200 000 Mark.**

In den letzten 4 Monaten erhöht sich die Kohle auf 60% und Eisen auf 70%, also gemittelt 65% gegenüber dem Vertragsabschluß. Es kommt jetzt nur noch $^2/_3$ des Vertragsmietwertes in Anrechnung, also 10 Mill. Mark.

Hiervon 65% = 6,5 Mill. Mark.
Je 2% pro Monat = **130 000 Mark.**

Also in 4 Monaten ein Mehrmietsatz von **520 000 Mark.**

Demnach beträgt Gesamtmehrmiete, die der Unternehmer zurückvergütet erhält:

120 000 Mark + 1 200 000 Mark + 520 000 Mark = **1 840 000 Mark**
bei einer durchschnittlichen Preissteigerung von rd. 40% innerhalb der 16monatlichen Bauzeit.

Die im Vertrage vorgesehene Summe der Mietgeräte betrug 15 Mill. Mark. Die mit 2% pro Monat in den Vertragspreisen einkalkulierte Miete belief sich auf
16 × 2% = 32% von 15 Mill. Mark = **4 800 000 Mark.**

2. Beispiel:

Bei Abgabe des Angebotes betrug die Summe für die anderen Geräte, Werkzeuge und Baustoffe = 12 Mill. Mark.

In den ersten 4 Monaten beträgt nach dem 1. Beispiel die allgemeine gemittelte Preissteigerung für Kohle und Eisen = 15%.

In dieser Zeit hat nun der Unternehmer für 4 Mill. Mark Materialien eingekauft. Er belegt die Summe an Hand der Rechnungen und erhält demzufolge vom Bauherrn 15% von 4 Mill. Mark = 600 000 Mark zurückvergütet.

Im 5. und 6. Monat beträgt die gemittelte Preissteigerung für Kohle und Eisen gegenüber dem Vertragsabschluß 50%. Die Einkaufssumme erreicht einen neuen Betrag von 10 Mill. Mark, wovon der Unternehmer nach Vorlage der Rechnungen 50% = 5 Mill. Mark zurückerhält.

Im 13. Monat geht die gemittelte Preissteigerung auf 65%. Der Unternehmer kauft nunmehr nochmals für 15 Mill. Mark und verlangt an Hand der Rechnungen die Rückvergütung von 9,75 Mill. Mark. Der Bauherr stellt jedoch fest, daß er die Vertragssumme um folgenden Betrag überschritten hat:

4 Mill. Mark — 15% =	3 400 000 Mark	
10 „ „ — 50% =	5 000 000 „	
15 „ „ — 65% =	5 250 000 „	
Zusammen =	13 650 000 Mark.	
—	12 000 000 Mark	Vertragsgerätepreis
=	1 650 000 Mark	Überschreitung.

Er erhält also, falls er die Überschreitung durch Anordnungen des Bauherrn nicht nachweisen kann, statt der geforderten 9,75 Mill. Mark nur 6,7 Mill. Mark Überteuerung, da 65% von 10,3 Mill. Mark = 6,7 Mill. Mark betragen.

10,3 Mill. Mark Rechnungsbetrag (gekürzt)
— 6,7 „ „ Überteuerung
= 3,6 Mill. Mark Grundbetrag, der an der gesamten, im Vertrag angegebenen Materialsumme noch fehlte.

Ich glaube, durch eine derartige Behandlung des Bauvertrages verbleibt einmal dem Unternehmer das Risiko im Rahmen der Vorkalkulation, das er unbedingt behalten muß, um auch im Interesse des Bauherrn zu arbeiten; andererseits hat der Bauherr die Gewähr, daß die Bauausführung durch den Unternehmer wirtschaftlich bleibt, ohne daß er durch die gleitenden Verträge zu hohe Rückvergütungen zu zahlen hat.

Allgemein möchte ich dann noch dagegen sprechen, daß immer nur der Unternehmer den Auftrag erhält, der der billigste ist. Die Auswahl sollte mindestens innerhalb der letzten sechs billigsten Angebote nach den Gesichtspunkten erfolgen, daß auf diejenige Firma der Auftrag entfällt, deren frühere Arbeiten eine einwandfreie Geschäftsführung und Abwicklung der Bauarbeiten gewährleistet. Nur dadurch kann sich der Bauherr vor manchen Auswüchsen schützen, die allerdings auch heute noch nicht Allgemeingut der Unternehmer geworden sind.

Andererseits soll der Bauherr, auch wenn er seinen Vertrag nach allen Gesichtspunkten hin mit scharfen Bedingungen versehen hat, dem Unternehmer in der Ausführung seiner Arbeiten die unbedingt notwendige Freiheit lassen, da es nicht angeht, daß Baustellen nach zwei Gesichtspunkten eingerichtet und geleitet werden. Der Bauherr soll darüber wachen, daß die vertraglichen Arbeiten einwandfrei hergestellt werden. Welchen Weg der Unternehmer hierfür einschlägt, soll und muß ihm frei stehen. Geschieht dieses nicht, sondern arbeitet der Bauherr mit der kleinlichsten Überwachung, die dem Unternehmer jedes selbständige Handeln untergräbt, dann geschieht es nur zum Nachteil der Bauausführung. In solchen Fällen kann man es keinem Unternehmer verdenken, wenn er die notwendige Arbeitsfreudigkeit samt seinen Angestellten verliert. Daher lasse man Freizügigkeit walten, sobald man von dem Unternehmer den Eindruck der tatkräftigen, ehrlichen Geschäfts- und Bauausführung hat.

Aus Vorstehendem erhellt schon, daß für die Bauausführung der Unternehmer, in diesem Falle also seine Bauangestellten, eine genaue Kenntnis des Bauvertrages haben muß, damit er seine Arbeiten auch vertragsgemäß in allen Teilen vergütet erhält. Er muß beispielsweise unterscheiden können, ob Arbeiten mit dem Vertrage zu vereinbaren sind, oder ob sie außerhalb des Rahmens des Vertrages, also als außervertragliche Arbeit, einer neuen Vereinbarung unterliegen, für die höhere Preise eingesetzt werden müssen.

Die vertraglich geleisteten Arbeiten und Massen werden allgemein durch monatliche Abschlagszahlungsanträge vergütet, während für die außervertraglichen Arbeiten eine besondere Abrechnung erfolgen muß. Bei den ersteren ergeben sich die Massen durch Aufmaß, während es sich bei den außervertraglichen Arbeiten empfiehlt, sie durch sofortige

Einreichung von Tagelohnzetteln gegenseitig festzulegen. Ihre Ausfertigung erfolgt am besten in drei Exemplaren. Das 1. Blatt verbleibt im Stammbuch, die beiden anderen Durchschriften werden dem Bauherrn zur Prüfung vorgelegt, der die 3. Ausfertigung mit Anerkennungsvermerk versehen an den betreffenden Bauführer zurückgibt. Dieser überprüft nochmals den Tagelohnzettel und gibt ihn, falls sich Änderungen nicht ergeben, an das kaufmännische Büro zur restlichen Bearbeitung weiter. Dort werden die Tagelohnzettel bis zum Monatsschluß gesammelt und durch eine besondere Rechnung dem Bauherrn zur Bezahlung eingereicht.

C. Kaufmännischer Teil.

Wie aus dem Inhaltsverzeichnis hervorgeht, stellt der im kaufmännischen Betrieb vereinigte Arbeitsvorgang das Bindeglied zwischen reiner Technik und Wirtschaft dar. Zahlen und Begriffe aus dem Gebiet des Geld-, Bank- und Versicherungswesen, des Verkehrs von Post und Eisenbahn, der sozialen Gliederung verdichten sich zu lebenden Gebilden, um die von der Technik ersonnenen und in die Tat umzusetzenden Formen zu stützen und auszuwerten, damit sie für neue Triebe den wirtschaftlichen Boden bereiten. Nicht einander untergeordnet, sondern Schulter an Schulter treten Technik und Wirtschaft hinaus ins Leben der Völker. Die im Schoß der Natur, in der Menschen und Tiere als winzige Daseinsteilchen des unendlichen Weltalls erstanden, dargebotenen Schätze werden durch die Technik den Menschen dienstbar gemacht, um alsdann durch die Wirtschaft in das Getriebe der menschlichen Gemeinschaften wertzeugend eingestellt und verwaltet zu werden.

I. Büropersonal.

Wie bei dem technischen Personal soll auch der kaufmännische Betrieb Angestellte aufweisen, die sich eines verantwortungsvollen Pflichtgefühls bewußt sind. Bei der Einstellung von Kaufleuten für die Baustellen sollte das Stammhaus vor allen Dingen den größten Wert darauf legen, daß sie nach Möglichkeit mit allen Arbeiten auf einem Baubüro vertraut sind. Andererseits sollten später die Herren, welche sich auf den Baustellen bewährt haben, nach dem Stammhaus versetzt werden, da besonders sie in der Lage sind, eine genaue Kontrolle der eingereichten Kassenabrechnungen vorzunehmen, eingeschlichene Mißstände sofort abzustellen und neues Personal schnell anzulernen. Es würde ferner dadurch wohl mehr als bisher verhindert werden, daß völlig ungeeignete Leute dem Bauleiter als Hauptstütze beigegeben werden. Wenn auch für die Baubüros Vorschriften für die Abwickelung der kaufmännischen Arbeiten bestehen, so nützt doch die beste Anweisung nichts, wenn man sie nicht auszuwerten versteht.

Derartig erprobte Baukaufleute würden bei der Stammfirma die kaufmännische Kontrolle einer Anzahl Baustellen in sich vereinigen und an Stelle der toten bürokratischen Erledigung eine mehr individuelle Arbeit treten lassen, denn manches Mal kommen Anfragen und Rügen vom Stammhaus, die von teilweiser Unkenntnis der auf dem Bau herrschenden Verhältnisse zeugen. Jeder Bau hat nun einmal sein eigenes Gesicht, das sich nicht immer in gleichmäßige Formen pressen läßt. Je mehr frisches Blut von den Baustellen dem Stammhaus zufließt, um so mehr Vorteil wird dieses davon haben, da solche Kräfte viel eher praktische Vorschläge für Verbesserungen geben können als alteingesessenes Personal, das bisweilen noch nicht einmal eine Baustelle gesehen hat und leicht zur Stagnierung neigt.

Eine Bauauftragserteilung verlangt, wie früher ausgeführt, die sofortige Aufnahme der vorbereitenden Bauarbeiten. Das Stammhaus wird also sogleich den Bauleiter und einen Kaufmann auf die Baustelle entsenden, um daselbst die ersten Vorkehrungen zu treffen. Zu bemerken sei hier noch, daß unter den heutigen, immer schwieriger werdenden Wohnungsverhältnissen ein Unverheirateter wegen der leichteren Unterbringung vorzuziehen ist. Ein Verheirateter wird sich auch schwer dazu entschließen können, eine feste Wohnung für eine kurze Bautätigkeit aufzugeben, während andererseits ein getrenntes Familienleben Opfer und Sorgen verlangt, die ihn von seiner beruflichen Tätigkeit ablenken müssen.

An den Bauleiter stellen die ersten Arbeiten auf der Baustelle derartige Ansprüche, daß er seinen Kaufmann für die nötigen Bankverbindungen und für Unterkunftsräume des Büros allein sorgen lassen muß. Daher verlangen die Einrichtungsarbeiten auch von ihm Umsicht und gute Dispositionen. Der Kaufmann darf nicht einseitig sein und soll schon aus dem Grunde gute Kenntnisse in allen vorkommenden Büroarbeiten haben, damit er am Platze einzustellendes Hilfspersonal schnell und sicher anleiten kann, um sich auf diese Weise unabhängig vom Stammhaus, selbst brauchbare Kräfte zu schaffen.

Je nach der Stärke der Arbeiterbelegschaft wird es sich von Zeit zu Zeit ergeben, wieviel Hilfskräfte im Lohnbüro einzustellen sind. Man kann im Durchschnitt mit folgendem Personalbestand rechnen:

Bei einer Belegschaft bis zu 40 Arbeitern:	1 Kaufmann.
„ „ „ „ „ „ 100 „	1 Kaufmann. 1 Lohnbuchhalter.
„ „ „ „ „ 150 „	1 Kaufmann. 1 Lohnbuchhalter. 1 Hilfskraft.
„ „ „ „ „ 200 „	1 Kaufmann. 1 Lohnbuchhalter. 2 Hilfskräfte.

Ihre Arbeiten erstrecken sich auf: die An- und Abmeldungen bei der Krankenkasse — Führung einer Arbeiterkartothek — Aufstellen der Lohnlisten — Ausschreiben der Lohntüten — Kleben der Steuer- und Invalidenmarken — Führung der Jahreslohnnachweisungen — Bearbeitung von Unfallsachen und sonstigen lohnbuchhalterischen Arbeiten.

Für den Kaufmann bleibt noch die Erledigung von: Kassenführung — Beaufsichtigung der Lohnbuchhaltung — Prüfung und Bezahlung der Rechnungen — Führung der Materialeingangsbücher — Regelung des Frachtverkehrs — Abwicklung des Bankverkehrs — Erledigung der Abrechnungsarbeiten — Beaufsichtigung der Materialverwaltung — kaufmännischer Schriftverkehr.

Da mit dem Baubeginn ein umfangreicher Schriftwechsel für Materialbestellungen u. dgl. einsetzt, der eine schnelle Abfertigung verlangt, ist mit der Einstellung einer Hilfskraft für die Aufnahme der Stenogramme und der Bedienung der sofort zu beschaffenden Schreibmaschine nicht lange zu zögern. Auch der Baukaufmann und die einzustellenden Hilfskräfte sollten nach Möglichkeit Stenographie beherrschen und die Schreibmaschine bedienen können, damit sie in der Lage sind, bei Erkrankungsfällen der Schreibmaschinenkraft für dringende Arbeiten sofort einspringen zu können. Außerdem besteht noch der Vorteil, daß der Kaufmann bei starker Inanspruchnahme der Schreibkraft durch Stenogramme usw. seinen Briefwechsel auf der Schreibmaschine selbst schreiben kann.

II. Geschäftsgang.

1. Verteilung der Arbeiten.

Die Büroarbeiten einer Baustelle richten sich einmal nach der Art der Geschäftsführung und den Vorschriften des Stammhauses, andererseits nach dem Umfang der Baustelle und der auszuführenden Arbeiten.

Über die Gliederung des Geschäftsbetriebes wird die beifolgende schematische Darstellung, der eine Arbeiterbelegschaft von 200 Köpfen zugrunde gelegt ist, Aufschluß geben (s. Abb. 26).

Vielfach besteht die Ansicht, daß die kaufmännischen Arbeiten eine nebensächliche oder nur schematische Arbeitsleistung darstellen und demzufolge auch minderwertig eingeschätzt werden können. Die bisherigen und weiteren Ausführungen werden jedoch zeigen, daß der kaufmännische Teil einen wichtigen Abschnitt des gesamten Baubetriebes einnimmt. Die technischen und die kaufmännischen Arbeiten auf einem Baubüro greifen verschiedentlich ineinander, so daß sowohl der Kaufmann vom Techniker als auch umgekehrt abhängig ist. Darum soll der Bauleiter dem kaufmännischen Teil ein großes Verständnis entgegenbringen.

Besonders achte er darauf, daß dem Kaufmann jederzeit ausreichendes Hilfspersonal zur Verfügung steht, damit es ihm möglich wird, den Überblick über die gesamten Arbeiten zu behalten und selbst für seinen Teil auf eine in jeder Beziehung einwandfreie Be- und Verrechnung sämtlicher Bauarbeiten hinzustreben.

Diese läßt sich aber nur ordnungsmäßig erledigen, wenn eine gleichmäßige Verteilung der Arbeiten auf das zur Verfügung stehende Per-

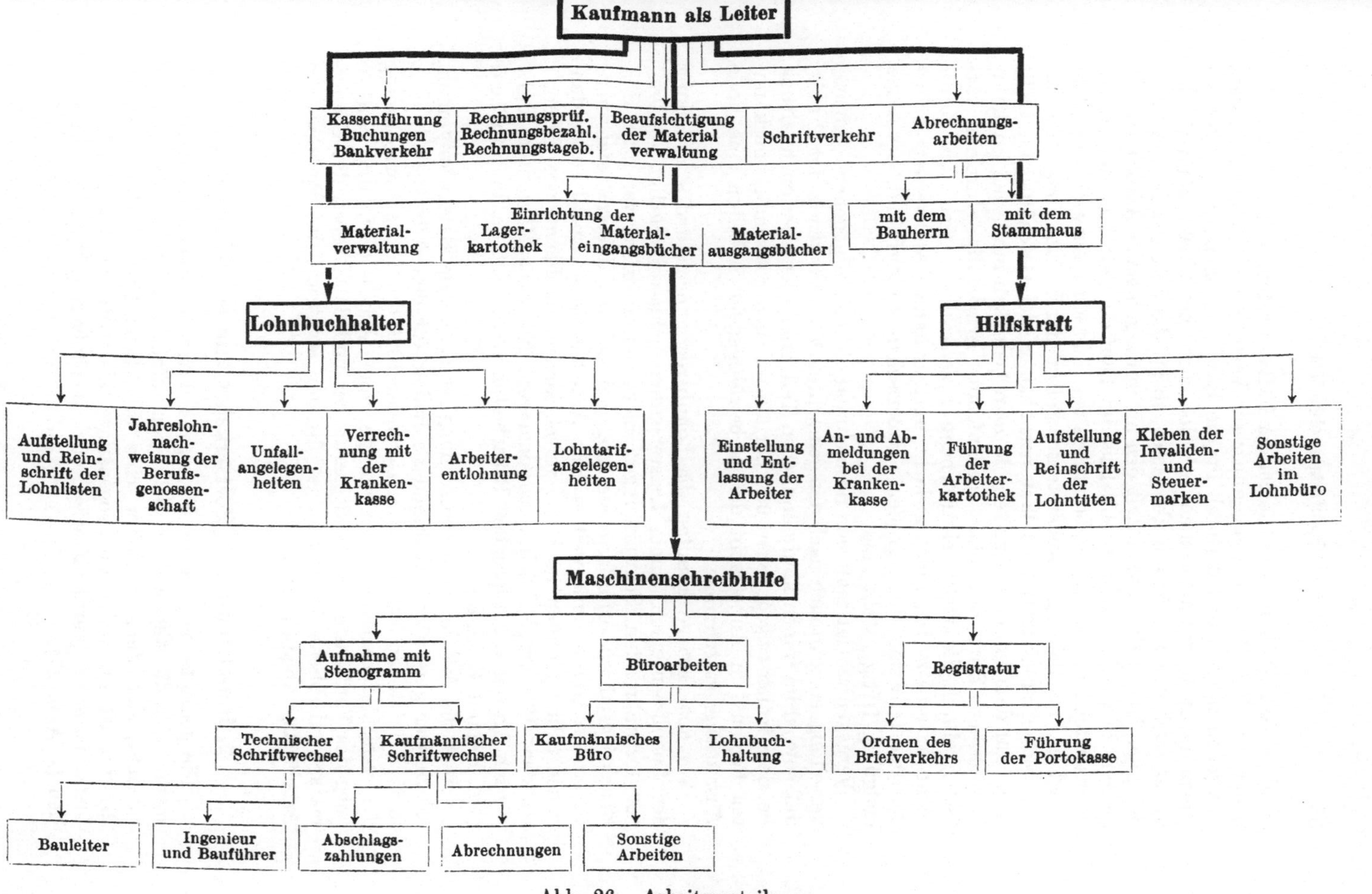

Abb. 26. Arbeitsverteilung.

sonal erfolgt. Es kann sonst leicht der Fall eintreten, daß geleistete Arbeiten, die dem Bauherrn gegenüber zur Verrechnung kommen müssen, übersehen werden und dadurch für die Baufirma im Laufe der Zeit zu einem nicht unbeträchtlichen Schaden sich entwickeln können. Ist ferner auch der Kaufmann überlastet, so ist die Folge, daß er wohl in der Lage ist, in der ersten Zeit den an ihn ergehenden Anforderungen gerecht zu werden, jedoch schließlich im Lauf der Zeit doch den immer wachsenden Anforderungen, besonders bei einer stark entwickelten Bautätigkeit, machtlos gegenübersteht. Selbst durch Einlegung von unvermeidlichen Überstunden läßt sich alsdann der Geschäftsgang nicht mehr auf dem laufenden halten, da man bedenken muß, daß im kaufmännischen Büro an eine fortlaufende Erledigung einzelner Arbeiten, durch die vielen eintretenden Ablenkungen, denen der Kaufmann ausgesetzt ist, nicht gedacht werden kann. Andererseits erfordern sie teilweise einen großen rechnerischen Zeitaufwand, bevor sie endgültig fertiggestellt sind.

Vergegenwärtigt man sich noch einmal die vorher gegebene Arbeitsverteilung, so zeigt sich nach den gemachten Erfahrungen in der Praxis, daß sowohl im reinen kaufmännischen Teil wie in der Lohnbuchhaltung bei dem früher angegebenen und nur als wirklich notwendig anerkannten Personal in Anbetracht der zu bewältigenden Arbeiten eine volle Ausnutzung stattfindet.

Vor dem Kriege konnten die Lohnberechnungen und Aufstellung der Lohnlisten nach einem feststehenden Lohnsatz erledigt werden, der fortwährenden Schwankungen nicht unterworfen war. In den Nachkriegsjahren erforderte sie hingegen bei den dauernd sich verändernden Löhnen eine weit größere Arbeitsleistung, zumal außer den reinen Stundenlöhnen noch die verschiedenen Zuschläge, wie Höhenstunden, Wassergeld, Schmutzgeldzulagen, Nachtzuschläge und dgl., je nach Art der anzuführenden Bauarbeiten verrechnet werden mußten. (Vgl. Kapitel B. II. 6.)

Auch die Art der Steuerberechnung ist nach dem Kriege ungemein schwieriger geworden. Während sie früher für den Arbeitgeber ganz fortfiel, entstehen ihm seit dem 1. Januar 1920 durch die Verrechnung der verschiedenartigen Steuerabzüge vom Arbeitslohn, die Eintragung des Verdienstes in die Steuerbücher und das Kleben der Steuermarken erhebliche Mehrausgaben, die der Staat auf das Personal der Arbeitgeber abgewälzt hat.

2. Handhabung des Postverkehrs und der Registratur.

Die gesamte eingehende Post geht durch die Hand des Baukaufmanns, der die allgemeinen Schreiben öffnet und mit einem Stempel versieht, der dem Bauleiter eine erhebliche Schreibarbeit erspart. Hierfür ist entweder der sogenannte Uhrenstempel, wie er in der Metallindustrie gebraucht wird, oder das folgende Muster zu verwenden (s. Abb. 27).

Eingang:	
1. Herrn..................	zur Kenntnis, Rücksprache, Erledigung
2. „	
3. „	
4. „	
5. „	
Zum Umlauf	
Wvorl.	
Beantw..................................	
Zda..	

Abb. 27. Muster für Briefstempel.

Dieser Stempel läßt später immer leicht ersehen, wer die Post erledigt hat, wann sie beantw. und zda. geschrieben ist. Entweder füllt nun der Baukaufmann diesen aus oder gibt sogleich die gesamte Post zusammen mit den persönlichen Schreiben an den Bauleiter weiter. Auf diese Weise behält letzterer immer die Fäden der gesamten Geschäftsführung in den Händen, ohne daß seinen Untergebenen das wertvolle selbständige Arbeiten beschnitten wird.

Briefe, die erst später zur Erledigung gelangen oder auf die der Bauleiter zwecks Anmahnungen und weiteren Nachforschungen Wert legt, sind in einer Wiedervorlagemappe in der Registratur nach den neuen Daten zu ordnen, damit der ordnungsgemäße, rasche Geschäftsgang gewährleistet bleibt.

Sämtliche erledigte Schreiben werden zusammen mit ihren kopierten Antworten täglich in eine Mappe geheftet, die im kaufmännischen und technischen Betrieb bei den einzelnen Herren in Umlauf gesetzt wird. Es soll hierdurch erreicht werden, daß sie auch von ihren Nachbarressorts Kenntnis erhalten und sich auf diese Weise ebenfalls den wertvollen allgemeinen Überblick des gesamten Geschäftsganges aneignen. Je weiter der Kreis der Interessen des einzelnen innerhalb des Betriebes gezogen wird, um so befruchtender wird er auf seine eigene Arbeitserledigung wirken.

Auf die Einrichtung der Registratur ist weiterhin der größte Wert zu legen, denn nichts ist zeitraubender und unangenehmer, als wenn bei Nachfragen Briefe aus den Akten nicht gefunden werden können. Letzten Endes führt eine lässige Behandlung der Schriftenordnung zum vollständigen Lahmlegen des Geschäftsverkehrs. Zu Beginn des Baues weiß bereits der Bauleiter, in welchem Umfang und nach welchen Richtungen hin der Briefverkehr einsetzen wird. Er unterziehe sich demzufolge alsbald zusammen mit seinem Baukaufmann der Mühe, den zu erwartenden Schriftverkehr in möglichst klare eindeutige Abteilungen zu gliedern, für die jeweils ein besonderes Aktenstück anzulegen ist. Innerhalb der einzelnen Abteilungen gliedere man wiederum nach getrennten Arbeitsgebieten, in denen die einzelnen Schriftstücke nach ihrem Datum eingeheftet werden. Für ihre Aufbewahrung wähle man Schnellhefter oder sonstige auswechselbare Schriftenhalter, damit die Schreiben leicht entnommen werden können. Auf keinen Fall hefte man sie fest ein.

Ganz allgemein kann man nach folgenden Richtlinien verfahren, die der Art des Baues entsprechend weiter ausgebaut werden können. Auf jeden Fall wahre man die organische Gliederung, damit ein nicht vorgesehener Umfang des Geschäftsverkehrs auch sofort in neue Kanäle geleitet werden kann.

Akte I: Schriftverkehr mit Stammhaus.
1. Rechnungswesen.
2. Kaufmännischer Schriftverkehr.
3. Technischer Schriftverkehr.
4. Allgemeiner Schriftverkehr.
5. Persönlicher Schriftverkehr.

Akte II: Schriftverkehr mit Bauherren.
1. Rechnungswesen.
2. Technischer Schriftverkehr.
3. Vertragsangelegenheiten.
4. Allgemeinen.

Akte III. Schriftverkehr mit Lieferanten.
1. Holz.
2. Eisen (Groß- und Kleineisenzeug).
2. Kohle.
4. Maschinen und Großgeräte.
5. Werkzeuge und Kleingeräte.
6. Elektrisches Material.
7. Sonstige Lieferanten.

Bemerkung. In den einzelnen Unterabteilungen sind die einzelnen Lieferanten alphabetisch zu ordnen.

Akte IV: Versicherungswesen.
1. Feuerversicherung.
2. Einbruch-Diebstahlversicherung.
3. Haftpflichtversicherung.
4. Frachten- oder Transportversicherung.
5. Botenberaubungversicherung.

Akte V. Frachtverkehr.

Akte VI. Allgemeiner Schriftverkehr usw.

Baubüro.

Tag	Gegenstand	Beleg	Einnahmen Gesamtbetrag		Bank		Kranken-kassen-beiträge		Invalid.-Vers.-Beiträge		Steuer-abzüge		Verschiede	
		Nr.	ℳ	₰	ℳ	₰	ℳ	₰	ℳ	₰	ℳ	₰	Benen-nung	Be
	Übertrag													

Abb. 28. Muste

3. Kassenführung, Geldwesen, Bankverkehr.

Die Kassenführung richtet sich im allgemeinen nach den bestehenden Vorschriften des Stammhauses und je nach der Selbständigkeit der Baustelle. Größtenteils wird das Baubüro mit dem Kassenbuch und dem Bankbuch auskommen. Für die Führung des Kassenbuches sind auf jeden Fall Durchschreibebücher, wie sie schon verschiedentlich bei den Baufirmen eingeführt sind, sehr zu empfehlen. Sie ersparen am Monatsschluß das Abschreiben, das sonst bei größeren Baukassen mit zeitraubender Arbeit verbunden ist. Um das Kassenbuch möglichst übersichtlich zu gestalten, ist eine größere Spalteneinteilung für Einnahmen und Ausgaben notwendig, wie es das beigefügte Muster (s. Abb. 28) erkennen läßt. Den Einnahmen sowohl als auch den Ausgaben müssen entsprechende Belege beigefügt sein. Zum Unterschied von den Ausgabebelegen sollten die Einnahmebescheinigungen in rot ausgefertigt werden. Die Beibringung von Belegen auch für die Einnahmeposten kontrolliert wieder den Kassenverwalter für sich.

Wird die Abwickelung der Kassengeschäfte nach den vorstehenden Gesichtspunkten vorgenommen, so ist die Gewähr für eine glatte Erledigung gegeben.

Die Regelung des Bankverkehrs liegt voll und ganz in des Hand des Kaufmanns. Er hat so zu disponieren, daß ihm außer den benötigten Geldern für die Lohnzahlungen noch ein Bankguthaben zur Verfügung steht, das ihm gestattet, laufende größere Bauausgaben sofort decken zu können. Glaubt er mit den auf der Bank vorhandenen Summen nicht auskommen zu können, so hat er rechtzeitig vom Stammhaus die erforderlichen Beträge überweisen zu lassen, um auf jeden Fall wegen der hohen Bankzinsen Überhebungen zu vermeiden. Laufen andererseits mit Fortschreiten des Baues vom Bauherrn größere Beträge ein, so sind die nicht erforderlichen Gelder sofort an das Stammhaus weiterzuleiten, falls die Vorschrift nicht besteht, daß vom Bauherrn die Überweisung direkt an die Firma erfolgt.

Um dem Kassenverwalter jede Möglichkeit einer freien Verfügung über das Bankguthaben zu nehmen, ist es ratsam, daß der Bauleiter die Bankschecks mit unterzeichnet, um eine Kontrolle über die Ausgaben und zugleich den Stand des Guthabens bei der Bank zu erhalten.

Kassenabrechnung für den Monat .... 192...

…gaben …amt- …rag	Büro-Unkosten		Material, Bau-, Betriebsstoffe		Frachten, Anfuhrkosten		Gehälter		Löhne		Krankenkassenbeiträge		Invalid.-Vers.-Beiträge		Steuerbeiträge		Verschiedenes			Bemerkungen
																	Benennung	Betrag		
₰	ℳ	₰	ℳ	₰	ℳ	₰	ℳ	₰	ℳ	₰	ℳ	₰	ℳ	₰	ℳ	₰		ℳ	₰	

…Kassenbuch.

Datum				Rechnungs-Nr.	Aussteller		Art der Lieferung	Rechnungsbetrag		Abzüge		Zu zahlender Rechnungsbetrag		Angewiesen	Bezahlt	Bemerkungen
des Eingangs		der Rechnung			Namen	Wohnort		ℳ	₰	ℳ	₰	ℳ	₰	am	am	
Monat	Tag	Monat	Tag													

Abb. 29. Muster für ein Rechnungstagebuch.

Aus vorstehendem erkennt man schon, wie notwendig es ist, daß der Kaufmann genügende Kenntnisse aufweist. Vor allen Dingen sollte auch darauf gesehen werden, daß nur wirklich zuverlässige und vertrauenswürdige Personen mit der Führung der Baukasse betraut werden. Um besonders zu Beginn des Baues hierüber ein einwandfreies Bild zu erlangen, hat der Bauleiter die Pflicht, mindestens jeden Monat die Kasse einer unvermuteten Revision zu unterziehen, zumal er nicht ganz von der Mitverantwortung für eine geordnete Kassenführung entbunden werden kann.

Die Kassenprüfung wird sich erstrecken auf:

1. Die Kassenführung. Aus dem Kassenbuch, das man durch verschiedene Additionsstichproben und Vorzeigen von einigen Kassenbelegen und Lohnlisten nachprüfen kann, ersieht man den Bestand, der sich aus verschiedenen Posten zusammensetzt, die vom Kaufmann nachgewiesen werden müssen.

2. Das Bankkonto, über dessen Bestand von der betreffenden Bank eine Bestätigung im Bankbuch eingeholt wird.

3. Die Portokasse. Die der Portokasse überwiesenen Beträge sind an Hand der vorhandenen Briefmarken und des Barbestandes nachzuprüfen.

4. Die Invalidenkarten und Steuerbücher, ob sie übereinstimmend mit den Lohnlisten ordnungsgemäß abgerechnet und beklebt sind.

Im Anschluß an die Kassenprüfung kann noch der übrige Geschäftsgang einer genauen Durchsicht unterzogen werden hinsichtlich:

1. der Führung der Jahreslohnnachweisungen;

2. des Rechnungsjournals, ob die Rechnungen laufend eingetragen sind.

4. Rechnungswesen.

Oberster Leitsatz im Rechnungswesen sei Ordnung und Gewissenhaftigkeit. Als treuer Gehilfe steht dem Baukaufmann gegen den Ansturm der Rechnungen das Rechnungstagebuch zur Seite, in das jede eingehende Rechnung, nachdem sie mit einem Eingangsstempel versehen ist, eingetragen wird. Das Tagebuch hat Vorteile, die nicht zu unterschätzen sind, wenn auch durch die Führung desselben dem Angestellten eine Mehrarbeit erwächst. Bildet es doch beispielsweise die Kontrolle für die Eintragungen in die Materialeingangsbücher.

Wie nebenstehendes Muster (s. Abb. 29) erkennen läßt, gibt es Aufschluß über: das Datum der Rechnung,
das Eingangsdatum,
den Aussteller,
den Inhalt der Rechnung,
den Rechnungsbetrag,
die vorzunehmenden Abzüge,
den zu zahlenden Rechnungsendbetrag,
das Datum der Bezahlung.

Selbstverständlich können die Spalten noch erweitert oder vereinfacht werden. Auf jeden Fall erspart man sich bei späteren Nachforschungen oder Nachprüfungen das Suchen der betreffenden Rechnung und das Nachsehen in dem Kassenbuch. Auch für die Aufstellung von Mehrforderungen und Überteuerungsanträgen hat man in dem Rechnungstagebuch eine gute Unterlage.

Die Prüfung und Eintragung der Rechnungen nimmt nun folgenden Weg:

Nachdem die Rechnung in das Tagebuch eingetragen ist, erhält sie die betreffende laufende Nummer. Die beiden Ausfertigungen werden alsdann an den Magazinverwalter weitergereicht, der auf dem 2. Exemplar der Rechnung hinter jeder einzelnen Position in Rot die Nummer der Lagerkartothekkarte vermerkt. Mit den beigefügten Lieferscheinen übergibt er sie dem mit der Bestellung beauftragten Angestellten, von dem an Hand der Lieferscheine die Richtigkeit der aufgeführten Mengen nachgeprüft wird. Rechnungen und Lieferscheine gehen alsdann an das kaufmännische Büro zur Prüfung der Preise und der rechnerischen Richtigkeit zurück. Für die Prüfungsvermerke dieser beiden Stellen ist der Aufdruck eines entsprechenden Stempels auf die Rechnungen nach folgendem Muster zu empfehlen:

Bestellt durch: Schreiben vom ....
Bestellzettel Nr. .... vom ....

Abzusetzen: ....
....
....

Zu verbuchen auf: ....
....
....

Technisch geprüft durch: ....

Kaufmännisch geprüft durch: ....

Rechnung kann gezahlt werden mit: .... ℳ
....

Abb. 30. Muster für Prüfungsstempel.

Aus der 2. Ausfertigung der Rechnung erfolgt die Eintragung in das Materialeingangsbuch, die von dem Buchführer bei den einzelnen Positionen der Rechnung durch ein besonderes Zeichen zu vermerken ist. Von Zeit zu Zeit werden alsdann dem Bauleiter eine Anzahl geprüfter Rechnungen zur Zahlungsanweisung vorgelegt.

Von dem kaufmännischen Büro ist streng darauf zu halten, daß die Rechnungen in zweifacher Ausfertigung von den Lieferanten eingereicht werden unter Beifügung der Bestellzettel oder der Bestellschreiben. Jedoch braucht man auf letztere nicht so großen Wert zu legen, weil die Rechnungen an Hand der Durchschriften im Bestellzettelbuch oder den Kopien der Bestellschreiben geprüft werden können.

Jedes Baubüro wird nun befugt sein, Rechnungen bis zu einer bestimmten Höhe selbständig zu bezahlen. Über diese Grenze hinausgehende Rechnungen werden je nach Art der Vorschriften entweder vom Stammhaus zur Zahlung angewiesen und an das Baubüro zur weiteren Erledigung zurückgesandt, oder aber direkt vom Stammhaus bezahlt, wodurch eine große Entlastung des Baukaufmannes eintritt.

An das Stammhaus wird nur die 1. Ausfertigung der Rechnung gesandt oder der Kassenabrechnung beigefügt. Die 2. Ausfertigung verbleibt bei dem Baubureau und dient als Unterlage für die Materialeingangsbücher. Bei Bezahlung der Rechnungen empfiehlt es sich, die Bestellzettel im Stammbuch durch einen entsprechenden Stempelaufdruck:

Erl. d. Rechnung Nr. ....
vom .... 192......
...................., den .... 192......

ungültig zu machen, damit eine doppelte Bezahlung von Lieferungen vermieden wird. Ebenso soll der bei der Rechnung befindliche Bestellzettel ungültig gemacht werden. Die Bezahlung soll ebenfalls durch einen Stempelaufdruck

Bezahlt am ....
durch Banküberweisung
" Postanweisung, Zahlkarte
" Barzahlung.

sowohl auf der 1. als auch auf der 2. Ausfertigung kenntlich gemacht sein.

In der Bezahlung der Rechnungen sollen keine unnützen Verzögerungen eintreten, damit das Baubüro sich die Kreditfähigkeit der Lieferanten erhält und die Anlieferung der benötigten Baustoffe dadurch nicht ungünstig beeinflußt wird.

Mit der teilweise üblichen zweimonatigen Fristzahlung sollte man aufräumen, da in den heutigen Wirtschaftszeiten die Lieferanten entweder auf weitere Lieferungen verzichten oder entsprechende Preisaufschläge machen werden.

5. Lohnbuchhaltung und Lohntariffragen.

Rufen wir uns die Arbeitsverteilung des kaufmännischen Betriebes noch einmal ins Gedächtnis zurück, so erkennt man, daß in der Lohnbuchhaltung ein sehr umfangreiches Arbeitsfeld sich ausbreitet.

Wie schon ausführlich besprochen wurde, soll der Baukaufmann in der Einrichtungszeit nach Möglichkeit mit lohnbuchhalterischen Arbeiten entlastet werden.

Ein Grundübel besteht auch meistenteils darin, daß mit der Einstellung einer Hilfskraft anfangs solange gewartet wird, bis sich die Arbeiten derart angehäuft haben, daß an eine ordnungsmäßige Erledigung nicht mehr gedacht werden kann. Die Ersparnisse, die man dadurch anscheinend zu erzielen hofft, stehen in keinem Vergleich mit den später eintretenden, noch größeren Ausgaben für die Einstellung weiterer, unbedingt notwendiger Hilfskräfte, um die säumigen Arbeiten aufs laufende zu bringen.

Genaue Kenntnisse der Krankenkassenangelegenheiten, Invalidenversicherung und Steuerverrechnung sind die Grundbedingungen, die ein Lohnbuchhalter für eine ordnungsmäßige Abwickelung der Arbeiten besitzen muß.

Sollten sich derartige Kräfte am Bauort nicht vorfinden, so muß der Kaufmann für eine schnelle Einarbeitung nichtgeschulten Personals Sorge tragen. Ebenso ist es Sache des Kaufmanns, die Arbeiten in der Lohnbuchhalterei in der ersten Zeit aufs genaueste zu kontrollieren, damit einschleichende Mängel in der Abwickelung der Arbeiten schnell beseitigt werden können. Tritt z. B. der Fall ein, daß ein Arbeiter durch Nachlässigkeit des Lohnbuchhalters zu spät zur Krankenkasse angemeldet wurde, und er erkrankt in der Zwischenzeit nach der Arbeitsaufnahme, so kann dieses finanzielle Folgen für die Firma nach sich ziehen, die nicht zu übersehen sind.

Wie schon in dem kaufmännischen Teil unter Büropersonal gesagt ist, gilt für eine glatte Abwickelung der lohnbuchhalterischen Arbeiten folgende Richtschnur:

Bei einer Belegschaft bis zu	100 Arbeitern:	1 Lohnbuchhalter.
„ „ „ „ „	150 „	1 Lohnbuchhalter. 1 Hilfskraft.
„ „ „ „ „	200 „	1 Lohnbuchhalter. 2 Hilfskräfte.
„ „ „ „ „	300 „	1 Lohnbuchhalter. 3 Hilfskräfte.

Wenn auch im Augenblick das benötigte Personal ziemlich hoch erscheint, so darf nicht vergessen werden, daß trotzdem eine volle Ausnützung einer jeden Kraft eintritt. Gerade bei dem, fast auf jeder Baustelle vorhandenen, starken Wechsel der Arbeiter entstehen durch die An- und Abmeldungen bei der Krankenkasse erhebliche Mehrarbeiten, die nicht unterschätzt werden sollen. Hat man einen dauernden Stamm von Arbeitern, so vermindert sich natürlich die Zahl der Hilfskräfte.

Die Einstellung von Arbeitern hat nur durch den Arbeitsnachweis, falls sich ein solcher am Bauort befindet, zu erfolgen. Es dürfen also in diesem Falle Arbeiter ohne die Überweisungskarte des Nachweises nicht eingestellt werden. Die angeforderten Arbeiter melden sich zuvor auf dem Lohnbüro, wo eine Nachprüfung ihrer Invaliden- und Steuerkarte erfolgt. Arbeiter, die keine ordnungsmäßigen Papiere vorlegen, sollen nicht eingestellt werden, um sich vor unliebsamen Überraschungen zu schützen.

Für die Einstellung von minderjährigen Personen besagt der § 107 der Gewerbeordnung für das Deutsche Reich:

„Minderjährige Personen dürfen, soweit reichsgesetzlich nicht ein anderes zugelassen ist, als Arbeiter nur beschäftigt werden, wenn sie mit einem Arbeitsbuch versehen sind. Bei der Annahme solcher Arbeiter hat der Arbeitgeber das Arbeitsbuch einzufordern. Er ist verpflichtet, dasselbe zu verwahren, auf amtliches Verlangen vorzulegen und nach rechtmäßiger Lösung des Arbeitsverhältnisses wieder auszuhändigen. Die Aushändigung erfolgt an den gesetzlichen Vertreter, sofern dieser es verlangt oder der Arbeiter das 16. Lebensjahr noch nicht vollendet hat, andernfalls an den Arbeiter selbst. Mit Genehmigung der Gemeindebehörde des im § 108 bezeichneten Ortes kann die Aushändigung des Arbeitsbuches auch an die zur gesetzlichen Vertretung nicht berechtigte Mutter oder einen sonstigen Angehörigen oder unmittelbar an den Arbeiter erfolgen.“

Über die Ausstellung und Verwendung der Arbeitsbücher sind die §§ 108/112 der Gewerbeordnung für das Deutsche Reich maßgebend.

Für die Arbeiter wird eine Stammliste zur Aufnahme der Personalien geführt; zweckmäßiger kann dieses durch die Führung einer besonderen Arbeiterkartothek erreicht werden, in welcher sämtliche Personalien des Arbeiters aufgeführt sind. Sie bildet die Grundlage für die Steuerverrechnungen und die Krankenkassenangelegenheiten.

Sind die Papiere bei Prüfung durch das Lohnbüro in Ordnung befunden worden, so wird der Arbeiter mit seinen Papieren an das Betriebsbüro oder den Bauführer verwiesen, um von dort entsprechend ihrer Verwendung den betreffenden Polieren und Schachtmeistern zugeteilt zu werden. Sind die überwiesenen Arbeiter als brauchbar befunden, so nehmen die Poliere ihnen die Papiere ab und schicken letztere nebst einem Zettel in das Lohnbüro zurück, auf dem der Vermerk steht, mit welchem Tage die Einstellung beginnt und welcher Art die Beschäftigung, ob gelernter oder ungelernter Arbeiter usw., ist. Wird nun in der Lohnbuchhaltung eine Arbeiterkartothek geführt, so wird den Arbeitern die Personalkarte mitgegeben zwecks Ausfüllung durch den Polier oder Bauführer. Es ist vom Lohnbüro darauf zu achten, daß die Papiere bei der Einstellung des Arbeiters unverzüglich nach dort gelangen, damit eine rechtzeitige Anmeldung bei der Krankenkasse erfolgen kann. Wird ein Arbeiter nicht eingestellt, so sind ihm die Papiere wieder auszuhändigen und die Personalkarte unausgefüllt der Lohnbuchhaltung zurückzusenden.

Bei der Führung der Lohnbücher (s. Abb. 31) haben die Poliere die größte Sorgfalt bei der Stundenaufstellung zu verwenden, die um so schwieriger wird, je mehr besondere Zulagen gezahlt werden müssen. Für die leichtere Aufstellung der Lohnlisten, Arbeitsberichte und auch Mehrlohnrechnungen ist die Eintragung der Arbeiter in dem Lohnbuch nach einer bestimmten Reihenfolge zu erledigen:

1. Poliere, Schachtmeister.
2. Fachvorarbeiter.
3. Facharbeiter (Zimmerer, Schlosser, Monteure, Maurer, Dreher, Zementfacharbeiter usw.).
4. Vorarbeiter der Bauhilfsarbeiter.
5. Bauhilfsarbeiter.
6. Ungelernte Vorarbeiter.
7. Bauarbeiter (Tiefbauarbeiter), Erdarbeiter.

Für jeden Arbeiter ist für die geleisteten Stunden eine Zeile im Lohnbuch zu verwenden. Hat nun ein Arbeiter noch sonstige Zulagen zu beanspruchen, wie Schmutzgeld, Höhenzulagen, Wassergeld, Überstunden, Nachtstunden und Sonntagsstunden, so sind diese Stunden hierfür auf den nächsten Zeilen zu vermerken, so daß also die Abrechnung für einen Arbeiter in sich geschlossen in dem Lohnbuch erscheint.

Der Polier wird am Lohnwochenbeginn bei Aufstellung seines Lohnbuches, entsprechend den Arbeiten seiner zugeteilten Leute, übersehen können, wieviel Zeilen er für jeden Arbeiter gebraucht und frei zu lassen hat.

No.	Namen der Arbeiter	Arbeitsverhältnis	Anzahl der Lohnstunden							Sa. der Stdn.	Stundenlohn M.	Vorschuß M.	Bemerkungen
			M.	D.	F.	S.	S.	M.	D.				
3	*Schmidt*	*Zimmermann*	*8*	*8*	*8*	*8*	—	*8*	*8*	*48*			
	,,	,,	*3*	*4*	*3*	*5*	—	*1*	*1*	*17*			*Höhenstunden über 25 m*
	,,	,,	*2*	*1*	*1*	*4*	—	*3*	*4*	*15*			,, ,, *50 m*
	oder												
7	*Meier*	*Zementarbeiter*	*8*	*8*	*8*	*8*	—	*8*	*6*	*46*			
	,,	,,	$^1/_2$	*1*	$^1/_2$	*2*	—	*1*	$^1/_2$	$5^1/_2$			*Überstunden*
	,,	,,	*8*	*8*	*8*	*8*	—	*8*	*6*	*46*			*Schmutzgeldzulage*
	,,	,,	*8*	*8*	*8*	*8*	—	*8*	*6*	*46*			*Nachtstunden*
	,,	,,					*8*						*Sonntagsstunden*

Abb. 31. Lohnbuchführung.

Bei der Übernahme von Arbeitern von der einen in die andere Kolonne ist so zu verfahren, daß der Arbeiter bei der alten Gruppe mit den wirklich geleisteten Stunden geführt und in der neuen mit dem Arbeitsbeginn aufgenommen wird. Diese Regelung hat unter den Polieren derart zu erfolgen, daß der abgebende Polier dem Arbeiter eine Bescheinigung mitgibt, wieviel Stunden er in seiner Kolonne gearbeitet hat, damit der übernehmende Polier unterrichtet wird, wieviel Stunden er noch für diesen Tag zu verrechnen hat. Unter den Bemerkungen in dem Lohnbuch hat ersterer einzuschreiben, an welche Kolonne er den Arbeiter abgegeben hat, letzterer, woher der Arbeiter überwiesen wurde.

Nach Möglichkeit soll darauf gehalten werden, daß die Lohnwoche nicht am Mittwoch, sondern bereits am Dienstag endigt. Die Zeit, welche bei einem Wochenschluß am Mittwoch bis zur Lohnzahlung am Freitag für die Aufstellung der Lohnlisten zur Verfügung steht, ist zu kurz bemessen, und es ist unmöglich, bei noch so anstrengender Tätigkeit innerhalb 8 Stunden die Lohnlistenaufstellung, die Abstimmung derselben, das Nachrechnen und die Ausschreibung der Lohntüten zu erledigen. Die Erfahrung hat es gelehrt, daß ohne Zuhilfenahme von Nachtstunden eine pünktliche Fertigstellung der vorerwähnten Arbeiten ausgeschlossen ist. Dagegen bleiben bei einem Wochenschluß an einem Dienstag zwei Tage für diese frei.

Die eigentliche Entlohnung der Arbeiter, d. h. das Ausschreiben der Lohntüten und Geldeinzählen, ist Sache des Lohnbüros. Um eine genaue Kontrolle der einzuzählenden Gelder zu haben, ist es zweckmäßig, den Lohn von einem Angestellten vorzählen zu lassen. Bevor die Tüte geschlossen wird, ist der Lohn von einem anderen Angestellten nachzuzählen, denn es kann doch vorkommen, daß bei einer großen Arbeiteranzahl und nur wenig zur Verfügung stehender Zeit Fehler entstehen, die nachher schwer aufzuklären sind.

Am Schluß der Lohnzahlung muß der übrigbleibende Geldbestand mit der Differenz zwischen Lohnlisten und überwiesenen Geldern übereinstimmen. Ist diese Probe gemacht und der Saldo stimmt, ist die Gewähr für eine richtige Lohnzahlung gegeben.

Unter den Arbeitern gibt es Leute, die versuchen, Unstimmigkeiten mit dem Lohninhalt und der Lohnsumme auf der Lohntüte zu beweisen. Daher ist bekannt zu geben, daß der Arbeiter den Inhalt in Gegenwart des Poliers sofort nachzuzählen hat, weil spätere Reklamationen ohne einwandfreie Zeugen nicht anerkannt werden können.

Wenn auch im allgemeinen Vorschüsse an Arbeiter nicht gezahlt werden sollten, so werden Ausnahmen nicht immer ganz zu umgehen sein. Begründete Fälle können sein: Familienereignisse oder bei Arbeitern mit großer Kinderzahl Einkauf von Lebensmitteln oder Feuerung für die Wintermonate. Hat ferner ein Arbeiter längere Zeit keine Beschäftigung gehabt, so ist er bei Arbeitsaufnahme stets ohne Barmittel oder doch nicht so gestellt, daß er mit dem ihm zur Verfügung stehenden Gelde bis zur nächsten Lohnzahlung seinen Lebensunterhalt bestreiten kann. Hier soll man ihm gleichfalls entgegenkommen und die Zahlung eines Vorschusses nach einer Arbeitsleistung von mindestens 16 Stunden in Höhe eines Drittels der verdienten Lohnsumme bewilligen. Bei unverheirateten und jugendlichen Arbeitern sollte man noch strenger vorgehen, da diese nicht mit den Pflichten zu rechnen haben wie ein Verheirateter.

Die Auffassung über die „Entlassung" geht innerhalb der Arbeiterschaft weit auseinander. Vielfach steht der Arbeiter nämlich auf dem Standpunkt, daß er seine gesamten Papiere und den verdienten Lohn sofort beanspruchen kann, wenn er seinen Polier von dem Austritt in Kenntnis gesetzt hat. Um daher Streitigkeiten, die mitunter zu Tätlichkeiten führen, auf dem Lohnbüro zu unterbinden, sollte der Arbeitgeber seinen Standpunkt in einem Aushang auf der Baustelle genau festlegen.

Der entsprechende § 2 Abs. 3 des Reichstarifvertrages für das Deutsche Tiefbaugewerbe lautet:

„Bei der Entlassung ist der Lohn sofort zu zahlen. Hat der Arbeiter seine Entlassung gefordert, so hat er Anspruch auf sofortige Lohnzahlung nur dann, wenn er von seinem Vorhaben den Arbeitgeber oder dessen Stellvertreter spätestens bis zum Arbeitsschluß des vorhergehenden Tages in Kenntnis gesetzt hat. Wenn auf einer Arbeitsstelle an demselben Tage zehn oder mehr Personen ausscheiden, so ist der Arbeitgeber berechtigt, den Lohn spätestens bis zum nächsten Zahltag auf seine Kosten durch die Post an die von jedem Arbeiter bestimmte Anschrift abzusenden.“

Der Paragraph besagt also eindeutig, daß der Arbeiter seinen Lohn nur dann sofort zu beanspruchen hat, wenn er seinen Polier bei Arbeitsschluß des vorhergehenden Tages von seinem Austritt in Kenntnis setzt.

Bei umfangreichen Entlassungen genügt meistens die Ausstellung einer Arbeitsbescheinigung, mit welcher den Arbeitern die Möglichkeit zur Aufnahme anderer Beschäftigung gegeben ist.

In manchen Fällen bestehen Zweifel über die Bezahlung von nicht geleisteten Arbeitsstunden. Wenn auch im Reichstarifvertrag klargelegt ist, welche Stunden und bis zu welcher Höhe dieselben an den Arbeiter gezahlt werden müssen, so gibt es dennoch strittige Punkte, mit denen sich der Schlichtungsausschuß wiederholt befassen mußte.

Es sei nur ein Beispiel gegeben:

Ist dem Arbeiter die Zeit zu bezahlen, wenn er aus Gründen angeblicher Krankheit die Arbeitsstelle verlassen hat, um entweder zum Arzt oder zum Krankenhause zu geben? Nach dem Reichstarifvertrag für das Deutsche Baugewerbe ist dem Arbeiter die versäumte Zeit für den Gang zum Arzt bis zu einer Höhe von 8 Arbeitsstunden zu vergüten. In diesem Falle hat aber der Arbeitnehmer durch eine Bescheinigung des Arztes glaubhaft zu machen, daß sein Gang zum Arzt wirklich notwendig war und die versäumte Zeit hierfür aufgewendet werden mußte. Natürlich spielt der Weg eine Rolle, der von der Arbeitsstelle bis zum Arzt zurückzulegen ist. Bei abgelegenen Baustellen, wo vielleicht der Arzt in einem anderen Orte wohnt, wird oft mit einem vollen Arbeitstag zu rechnen sein.

Der Arbeiter darf in einem solchen Falle nicht den Schluß ziehen, daß er nun berechtigt sei, täglich zum Arzt gehen zu können, sondern es heißt ausdrücklich, daß die versäumte Arbeitszeit bis zur Dauer eines Arbeitstages als solche vergütet wird. Wenn ein Arbeiter nun fordern sollte, daß er auch die nächsten Tage zum Arzt gehen müsse, so hat er sich entweder krank schreiben zu lassen, oder er kann von dem Arbeitgeber wegen Krankheit sofort entlassen werden. Anspruch auf Bezahlung der dann versäumten Arbeitszeit hat der Arbeiter nicht mehr.

Die „Jahreslohnnachweisungen“ sind auf den Baubüros zu führen, um die endgültige Festsetzung der Jahresbeiträge für die Berufsgenossenschaft zu ermöglichen. Die Eintragungen erfolgen nicht nach der zeitlichen Einstellung der Arbeiter, da dieses ein späteres Nachschlagen gewaltig erschwert, sondern in alphabetischer Reihenfolge, wobei für jeden Buchstaben mehrere auswechselbare Blätter vorzusehen sind.

Außerdem erleichtern sie die Zusammenstellung der Verdienste der einzelnen Arbeiter bei Nachforschungen der Finanzämter.

Lohntariffragen. Der Lohnbuchhaltung erwächst dadurch eine erhebliche Mehrarbeit, daß die Bauarbeiten sehr stark gegliedert sind und einer besonderen Bezahlung unterliegen.

Die in Frage kommenden Arbeiterkategorien sind folgende:

1. Zimmerpoliere.
   Betonpoliere.
   Meister in der Schmiede und Schlosserei.
   Obermonteure für die elektrische Installation.
2. Vorarbeiter der gelernten Arbeiter.
3. Vorarbeiter der ungelernten Arbeiter.
4. Facharbeiter:
   Maurer, Zimmerer.
   Schmiede, Schlosser.
   Monteure, Maschinisten I., II., III. Kl.
   Zementfacharbeiter.
   Einschaler für Beton.
5. Zementarbeiter, Hilfsmonteure.
6. Bauhilfsarbeiter.
7. Ungelernte Arbeiter.
8. Wächter.

Die Entlohnung gestaltet sich durch die Verschiedenartigkeit der Zuschläge, die für einzelne Arbeitsleistungen gezahlt werden müssen, noch schwieriger.

Wie zerrissen das ganze Lohntarifwesen ist, läßt die folgende Aufstellung erkennen.

Im November 1922 wurden an Zuschlägen im Tief- und Baugewerbe an der Unterweser gezahlt:

a) für Überstunden . . . . 20% vom Stundenlohn
b) „ Nacht-, Sonntags- und Feiertagsarbeit . . 40% „ „
c) „ Nachtarbeit in solchen Betrieben, bei denen aus technischen Gründen während der regelrechten Arbeitszeit nicht gearbeitet werden kann 30% vom Stundenlohn
d) für Wechselschichten, die zu mehr als $^3/_4$ in die Nachtzeit fallen 8% vom Stundenlohn

Anmerkung: Als Nachtarbeit gilt die Zeit von 8 Uhr abends bis 5 Uhr morgens. Es würde also bei einer Schichteinteilung für die Zeiten von 6 Uhr morgens bis 2 Uhr nachmittags (I. Schicht), 2—10 Uhr nachmittags (II. Schicht) und 10 Uhr abends bis 6 Uhr morgens (III. Schicht) nur die III. Schicht für die Zahlung der Nachtzuschläge in Frage kommen, weil dieselbe mit 7 Stunden in die Nachtzeit fällt. Würde sich die Zeit für die III. Schicht um 1 Stunde zurückverschieben, so kämen nur 6 Stunden für die III. Schicht in Frage und fällt daher die Zahlung des Nachtzuschlages fort.

e) für Arbeiten im Wasser. . . . . 8% vom Stundenlohn

Anmerkung: Als Arbeiten im Wasser gelten nur solche in fließendem, stehendem oder Grundwasser, wo ohne lange Stiefeln nicht gearbeitet werden kann. Der Zuschlag ist nicht zu zahlen für Arbeiten, bei welchen durch Maschinen und Pumpen auf künstlichem Wege oder durch Schaffung eines Abflusses auf natürlichem Wege aus den Baugruben das Grundwasser entfernt wird.

f) für Arbeiten, die mit Karbolineum zu streichen oder mit Salzsäure zu reinigen sind, dieselben länger als 4 Stunden in Anspruch nehmen, auch in solchen Fällen, in denen frisch mit Karbolineum oder sonstigen ätzenden Substanzen gestrichenes bzw. imprägniertes Material zu verarbeiten ist 8% vom Stundenlohn

g) für Arbeiten an oder in gebrauchten größeren Feuerungsanlagen, soweit die Arbeiten schmutzig sind, gelten die Zuschläge des Reichslohn- und Arbeitstarifes für feuerungstechnische Arbeiten:

a) für schwarze Arbeit . . . . 10% vom Stundenlohn
b) für heiße Arbeit. . . . . 10% „ „

Anmerkung: Schwarze Arbeit ist Arbeit, bei der die Arbeiter durch die Arbeitsweise mit Rauch, Ruß oder heißer Asche unmittelbar in Berührung kommen.

Für Maschinisten gilt als schmutzige Arbeit: Reinigen von Kesseln, Zügen und Rohrwalzen. Des weiteren Arbeiten unter der Lokomotive ohne Arbeitsgrube und Rohrewechseln.

h) für Arbeiten an Bohrhämmern . . . . 6% vom Stundenlohn
i) „ Arbeiten in Druckluft (Taucherglocke)
a) bis 2 Atm. . . . . 15% „ „
b) über 2 Atm. . . . . 30% „ „

j) für Arbeiten bei Turm- und Gerüstbauten erhalten alle hierbei Beschäftigten bei einer Höhe von über 20,00 m . . . . 7% vom Stundenlohn
über 50,00 m . . . . 12% „ „

k) für Ramm-, Wasser-, Tiefbau- und Tiedenarbeiten, wenn nachstehende Arbeiten länger als einen Tag dauern, erhalten Zimmerer, Maurer und deren Hilfsarbeiter bei Ramm-, Wasser- und Tiefbauarbeiten innerhalb der regulären Arbeitszeit . . . . 8% vom Stundenlohn

l) für Zimmerer, Maurer und deren Hilfsarbeiter bei Tiefenarbeiten außerhalb der regulären Arbeitszeit . . . . 15% vom Stundenlohn

m) für Arbeiten im Traß und Zement . . . . . 10% „ „

Ferner ist noch in Betracht zu ziehen, daß sich die Arbeitslöhne in manchen Zeiten fast alle 14 Tage änderten und demzufolge die Zuschläge auch stets einer neuen Verrechnung unterlagen.

Die eingangs aufgeführte Arbeitnehmergliederung unterteilt sich neuerdings noch weiter. Bisher war es üblich, daß bei den Löhnen für den Hoch- und Tiefbau die Altersunterschiede der Arbeiter durch besondere Sätze nicht festgelegt wurden. In den Lohnverhandlungen am Schluß vorigen Jahres wurde jedoch vereinbart, daß bei den einzelnen Arbeiterkategorien folgende Unterschiede in der Lohnzahlung gemacht wurden:

1. Vollarbeiter.
2. Arbeiter 18—19 Jahre alt.
3. Arbeiter 16—18 Jahre alt.
4. Arbeiter unter 16 Jahren.

Ihre Bezahlung ist wiederum gleitend:

	Für Arbeiter		
	unter 16 Jahre	16—18 Jahre	18—19 Jahre
Vom Vollarbeiterlohn sind abzuziehen	freie Vereinbarung	10%	3%

Durch die Staffelung der Löhne sollte erreicht werden, daß ein jugendlicher Arbeiter nicht die gleich hohe Bezahlung erhält wie ein verheirateter Vollarbeiter, dessen Lebenshaltung weit größere Anforderungen stellt.

Außerdem beträgt der Lohn für Bauhilfsarbeiter, Tiefbau- und Platzarbeiter, die noch nicht 3 Monate im Baugewerbe tätig waren, wiederum weniger als der Vollarbeiterlohn:

Vom Vollarbeiterlohn abzuziehen	Unter 16 Jahren	Von 16—18 Jahren	Von 18—19 Jahren	Über 19 Jahre
Bauhilfsarbeiter, Platzarbeiter, Tiefbauarbeiter	freie Vereinbarung	20%	15%	5%

Theoretisch mag die Vereinbarung ja ganz zweckmäßig sein, in der Praxis wird jedoch die Prüfung an Hand der Papiere auf eine vorherige dreimonatige Tätigkeit im Baugewerbe nicht so leicht durchzuführen sein. Einmal erfordert die Prüfung der Papiere eine genaue Kontrolle, andererseits werden sich Unzuträglichkeiten bei der Einstellung nicht vermeiden lassen, ganz abgesehen davon, daß Schiebungen auf jeden Fall vorgenommen werden.

Ziehen wir nun einmal das Endergebnis aus dem oben Gesagten: An Arbeitnehmerkategorien gibt es 8, davon 4 mit 3 und 2 mit 4 Untergruppen. Zusammen demnach: $8 + (4 \times 3) + (2 \times 4) = 28$ Klassen. An Zuschlägen sind vorhanden 15, wovon 9 verschieden hohe Prozentsätze haben.

Die Entlohnungsklassenzahl schwankt also zwischen 28 und mindestens 100 einschl. der Zuschläge. Nun nehme man noch einen Arbeiterstamm von 200 Leuten an, dann erhält man eine in allen Zahlungsmöglichkeiten schillernde Zusammenstellung. Beachtet man, daß nicht alle Arbeiter gleichmäßig 48 Stunden pro Woche arbeiten, sondern die Zahl zwischen 1—60 schwanken kann, ferner den ebenfalls gleitenden Abzug für Steuer, Krankenkasse und Invalidenversicherung, dann sträubt sich die Feder, um dafür eine Wahrscheinlichkeitszahl überhaupt niederzuschreiben.

Gibt es ein traurigeres Bild unserer Zeitverhältnisse! Kann der Sozialismus dieses als epochemachende Gleichheit ansprechen! Anstatt wenigstens die gleitenden Zuschläge für alle Arbeitergruppen gleich und zusammen mit den Löhnen auf glatte Zahlen abzurunden, feilschen Arbeitnehmer und Arbeitgeber in stunden- und tagelangen Lohnverhandlungen früher um einzelne Pfennige, heute um einzelne Mark, die nur winzigste Bruchteile des Stundenlohnes ausmachen. Im Tarifwesen sollte zuerst der Abbau begonnen werden!

6. Versicherungswesen.

Die für einen Bau in Frage kommenden Versicherungsarten sind:

a) Feuerversicherung.
b) Einbruchdiebstahlversicherung.
c) Haftpflichtversicherung.
d) Frachten- oder Transportversicherung.
e) Botenberaubungsversicherung.

a) Die Feuerversicherung soll sich auf alle Baulichkeiten und deren Ausstattung erstrecken. Um jedoch nicht zu hohe Versicherungsbeträge zu erhalten, kann das im Freien befindliche und auch in den Gebäuden vorhandene, aus Eisen bestehende Gerät und Material vernachlässigt werden.

Da die meisten Bauten aus Holz hergestellt, also sehr leicht feuergefährlich sind, muß diese Versicherung möglichst weitgehend abgeschlossen werden. Die Lage der zu versichernden Objekte und die Höhe ihrer Feuergefährlichkeit werden stets auf den Prämiensatz Einwirkung haben. Man darf hierbei nicht übersehen, daß diese Versicherung immer nur für kurze Zeit abgeschlossen und dann wieder erneuert wird, um hierdurch beim Abschluß der 2. Versicherung und höher eingesetzter Werte einmal einen günstigen Prämiensatz zu erzielen und bei wirklich eintretendem Feuerschaden eine bessere Auszahlung der beschädigten Gebäude zu erlangen.

b) Die Einbruchdiebstahlversicherung soll nicht nur auf das eigentliche Baubüro beschränkt bleiben, sondern auch auf jedes Gebäude ausgedehnt werden, in welchem sich wertvolle Materialien befinden. Die Versicherungsobjekte sollen auch bei dieser Versicherung bei steigender Geldentwertung von Zeit zu Zeit eine Erhöhung erfahren, damit jeder Schadensfall seine volle Deckung bei der Gesellschaft hat[1]).

c) Die Haftpflichtversicherung ist auf jeden Fall vorzusehen, da auf diese Weise die Unternehmerfirmen bei eintretenden Schadensfällen an Sachwerten und Menschen Dritten gegenüber einigermaßen gedeckt sind, zumal sich auf den Bauten derartige Unglücksfälle nie ganz vermeiden lassen werden. Für die Versicherung kommen der Allgemeine Deutsche Versicherungsverein a. G. in Stuttgart, die Haftpflichtversicherung der Tiefbauberufsgenossenschaft und andere Versicherungsgesellschaften in Frage. Die Prämiensätze können sehr wesentlich abweichen, so daß man bei einem Abschluß dieser Versicherung das Objekt den zu zahlenden Prämien gegenüberstellen muß unter der Berücksichtigung der verschiedenen Bedingungen und Schadenserstattungen.

d) Transportversicherung. Trotzdem den Frachtgütern beim Transport, Rangieren usw. oft Beschädigungen zugefügt werden und die Eisenbahnverwaltungen, auf Grund ihrer vorzüglich abgefaßten Vorschriften, in den seltensten Fällen den Schaden erstatten, bestehen bei einem großen Teil der Unternehmerfirmen noch keine Transportversicherungen, so daß deren Baugeräte und Materialien auf der Bahn für eigenes Risiko laufen. Der Abschluß einer Transportversicherung, die zweckmäßig durch das Stammhaus selbst erfolgt und sich auf alle Transporte innerhalb Deutschlands erstrecken sollte, ist demzufolge nicht von der Hand zu weisen.

e) Die Botenberaubungsversicherung. Bei entlegenen Baustellen besteht die Gefahr, daß auf die Kassenboten, besonders wenn sie Löhnungsgelder bei sich tragen, Überfälle geplant werden. Wenn auch schon bei Geldtransporten von der Bank zum Baubüro alle Vorsichtsmaßregeln ergriffen werden, so sind Überfälle trotzdem nicht ausgeschlossen. Die Prämien für eine Botenberaubungsversicherung sind nicht so hoch, daß man deren Ausgabe scheuen soll.

---

[1]) Neuerdings geht man auch schon zu den stabilen Goldmark-Versicherungen über, sodaß alsdann das leidige Nachversichern aufhört.

7. Frachtverkehr.

Die schnelle Aufnahme der Bauarbeiten bedingt eine sofortige Anlieferung der erforderlichen Baugeräte, Baustoffe, Baumaschinen und sonstiger Einrichtungsgegenstände. Diese werden entweder auf dem Bahn- oder Wasserwege, ganz nach der Lage der Baustelle, überführt. Kommt nun der Bahntransport in Frage, so ist in der ersten Zeit mit einem umfangreichen Frachtenabrechnungswesen zu rechnen, da nicht allein ganze Waggonladungen, sondern auch Stückgutsendungen (als Fracht- und Eilgut) anrollen werden. Dem betreffenden Baubüro liegt es nun ob, die eingehenden Frachtbriefe auf ihre rechnerische Richtigkeit, die für die Sendung angewendete Tarifklasse und den hierfür zu zahlenden Frachtsatz zu prüfen.

Um die Prüfungen vornehmen zu können, hat es sich die erforderlichen Unterlagen, vor allem den „Deutschen Eisenbahn-Gütertarif, Teil II, Heft C Ia: Frachtsätze“ von der Güterabfertigung zu beschaffen.

Aus diesem Tarif gehen alle Einzelheiten für eine ordnungsmäßige Prüfung der Frachtbriefe hervor. Man unterscheidet:

Klasse Ie Allgemeine Eilgutklasse,
„ I Allgemeine Stückgutklasse,
„ II Ermäßigte Stückgutklasse,
„ A — E A Frachtsätze für alle,
„ D — E B Frachtsätze für Kohlen.

Während in früherer Zeit die Klassen in A, An, B, Bn, C, Cn, D, Dn und E eingeteilt waren, sind dieselben in neuerer Zeit erweitert worden, und zwar in An 5, An 10, A, Bn 5, Bn 10, B, Cn 5, Cn 10, C, Dn 5, Dn 10, D und E. Es erfolgt also nach dieser Einteilung eine spezifizierte Frachtberechnung nach dem Gewicht der betreffenden Sendung. Welche nun für die einzelnen Klassen in Frage kommt, ergibt sich wieder aus dem „Allgemeinen Gütertarif“, der gleichfalls zur Hand sein muß.

Mit diesen beiden Heften läßt sich eine genaue Kontrolle der Frachtbriefe dahin durchführen, ob die Sendung nach der richtigen Tarifklasse (nach dem Allgemeinen Gütertarif) und nach dem richtigen Frachtsatz entsprechend der Entfernung (nach dem Frachtsatzanzeiger) berechnet ist.

Die Prüfung würde nun wie folgt vor sich gehen:

Bei Einlösung der Frachtbriefe auf der Güterabfertigung können diese bei der Bezahlung vorerst nur auf ihre rechnerische Richtigkeit hin geprüft werden, d. h. Gewicht der Sendung × Frachtsatz = Frachtbetrag.

Findet man hierbei Differenzen oder Rechenfehler, so ist der Frachtbrief sofort richtigstellen zu lassen. Hat man den Frachtbrief ohne diese Prüfung bezahlt und ergeben sich bei einer späteren Nachprüfung Rechenfehler, so müssen diese bei der Eisenbahnverwaltung durch einen besonderen Antrag reklamiert werden. Bevor jedoch alsdann eine Rückvergütung der zuviel gezahlten Frachten erfolgt, muß diese Reklamation vor der Verkehrskontrolle der zuständigen Eisenbahndirektion geprüft werden, die der Güterabfertigung Anweisung zur Rückzahlung der zuviel gezahlten Beträge gibt. Man ersieht also hieraus, daß eine unterlassene rechnerische Prüfung bei Bezahlung der Frachtbriefe zu Versäumnissen und unnützem Schriftwechsel führt.

Die genaue Prüfung der Frachtbriefe muß wegen größeren Zeitbedarfes später erfolgen. Durch Einsichtnahme in den Entfernungsanzeiger, der käuflich nicht zu erwerben ist, bei der Güterabfertigung ist die Kilometeranzahl zwischen Abgangs- und Bestimmungsstation festzustellen, womit alsdann der hierfür zu entrichtende Frachtsatz im Frachtsatzanzeiger zu ermitteln ist. Selbstverständlich muß man vorher in dem Allgemeinen Gütertarif festgestellt haben, für welche Klasse die betreffende Sendung in Frage kommt. Für die Frachtberechnung wird eine Mindestentfernung von 10 km zugrunde gelegt, ausgenommen bei Umbehandlung mangels direkter Tarife.

Die Einrichtung eines Frachtenstundungskontos bei der Güterabfertigung ist von der Entfernung zwischen Baubüro und der Eisenbahngüterkasse abhängig. Die Stundungsgebühren betragen $3^0/_{00}$. Die Vorteile bestehen in der monatlichen Abrechnung mit der Eisenbahnverwaltung. Wenn nun diese auch auf der einen Seite viel Wege erspart, so muß man sich doch überlegen, ob die Bezahlung der $3^0/_{00}$ Stundungsgebühren und Abrechnung am Monatsschluß oder die sofortige Erledigung bei Einlaufen jeder Sendung mit den entsprechenden Zeitverlusten durch Weg usw. vorteilhafter ist.

Beispielsweise kommen bei den in letzter Zeit enorm gestiegenen Frachtsätzen für ganze Waggonladungen bei einer Entfernung von 350 km und einem Gewicht von 15 t nach den Tarifklassen

B	nach dem	Tarif	vom	1.	Dezember	1922	39 900,— Mark,
A	„	„	„	„ 1.	„	1922	55 095,— „
C	„	„	„	„ 1.	„	1922	29 895,— „

Fracht in Betracht. Hat man nun in einem Monat bei Baubeginn im Durchschnitt 20 Bahnsendungen, so würde sich hiernach die zu stundende Fracht auf rd. 1 000 000,— Mark belaufen. Hiervon $3^0/_{00}$ Stundungsgebühren, ergibt 3000,— Mark. Bei einem einigermaßen guten Einvernehmen mit den Beamten der Güterabfertigung wird es sich erreichen lassen, daß die Frachtbriefe allwöchentlich eingelöst werden können. In diesem Falle erübrigt sich die Errichtung eines Frachtenstundungskontos.

Bei der Kalkulation des Baukostenanschlags wird der zur Zeit gültige Frachtsatz zugrunde gelegt. Handelt es sich um Bauten für fremde Rechnung, so wird bei den heutigen Wirtschaftsverhältnissen im Bauvertrag unter den besonderen Abrechnungsbedingungen ein Paragraph über die Verrechnung der Mehr- oder Minderfrachten enthalten sein. Diese Abrechnung geht nun in folgender Weise vor sich:

Der Originalfrachtbrief bleibt im Besitz des Baubüros. Eine Frachtbriefabschrift wird der Rechnung für den Bauherrn beigefügt. Diese muß von der Eisenbahnverwaltung durch Unterschrift des Gütervorstehers und Beidrückung eines Dienstsiegels bescheinigt sein und den zur Zeit des Vertragsabschlusses gültigen Frachtsatz enthalten.

Die Vermerke können etwa folgenden Wortlaut haben:

„Es wird hiermit bescheinigt, daß der Frachtsatz am .... Mark betrug.

Güterabfertigung.
Unterschrift."

„Die Übereinstimmung mit dem Originalfrachtbrief bescheinigt hiermit

Güterabfertigung.
Unterschrift."

Die Differenzfracht zwischen dem Frachtsatz bei Vertragsabschluß und dem Tage bei Aufgabe der Sendung wird dem Bauherrn zwecks Erstattung in Rechnung gestellt. Die 2. Abschrift des Originalfrachtbriefes wird im Baubüro in einer besonderen Mappe gesammelt und nach Daten des Eingangs sortiert. Die 3. Abschrift wird der Kassenabrechnung beigefügt.

Die Prüfung der Frachtbriefe in bezug der Tarifanwendungen und die Geltendmachung zuviel gezahlter Frachtbeträge bedeuten für ein Baubüro eine nicht unerhebliche Mehrarbeit. Durch ein im Stammhause zu errichtendes Frachtenprüfungsbüro, wie es bei einigen großen Firmen bereits geschehen ist, werden dort diese Arbeiten von einem im Eisenbahnverkehr erfahrenen Beamten erledigt. Berücksichtigt man, daß bei einer großen Anzahl von Bauten und den hierbei in Frage kommenden umfangreichen Sendungen oft erhebliche Frachtenüberhebungen zurückgefordert werden müssen, so ist eine derartige Einrichtung nur zu empfehlen, zumal sie eine Mehrausgabe kaum erfordern wird.

Besitzt nun eine Baufirma ein derartiges Frachtenprüfungsbüro, so werden am Monatsschluß die Originalfrachtbriefe an das Stammhaus zwecks tarifarischer Nachprüfung gesandt. Nach Richtigbefund gehen diese an das Baubüro zurück, um sie zur Einsichtnahme seitens des Bauherrn zur Hand zu haben.

Bei Stückgutsendungen empfiehlt es sich, mit einem am Orte der Baustelle ansässigen Spediteur ein Abkommen zu treffen, daß sie sämtlich (ob Fracht- oder Eilgut) von ihm für das Baubüro in Empfang genommen und abgefahren werden. Es wird sich auch bei dem Spediteur erreichen lassen, daß er einen besonderen Rollgeldsatz einräumt, welcher sich günstiger stellt, als wenn die Abfuhr der Stückgutsendungen durch einen Bahnspediteur vorgenommen wird. Ist aber nur ein Bahnspediteur am Orte, so muß die Abfuhr der Güter durch diesen erfolgen, was wiederum noch den Vorteil hat, daß die Eisenbahnverwaltung für das Frachtgut solange haftet, bis dasselbe von ihm abgeliefert ist. Umgekehrt beginnt die Haftung der Eisenbahnverwaltung mit dem Augenblick, wo ein Frachtgut den Wohnsitz des Absenders verläßt.

Sowohl mit dem Bahnspediteur als auch mit einem anderen Spediteur kann die Vereinbarung getroffen werden, daß eine monatliche Frachten- und Rollgeldabrechnung erfolgt. Die zu zahlende Stundungsgebühr von 3‰ wird hierbei, in Anbetracht des gewaltigen Frachtunterschiedes zwischen ganzen Wagenladungen und Stückgütern, nicht so sehr ins Gewicht fallen.

Die Prüfung der Stückgutfrachtbriefe hat in der gleichen Weise zu erfolgen wie die der Wagensendungen. Falls der Bauvertrag eine Mehrfrachtenberechnung vorsieht, kommt sie auch hierfür in Frage.

Beim Abbau der Baustelle muß das Baubüro gleichfalls für den Versand der restlichen Baumaterialien, die der Unternehmerfirma verbleiben, die entsprechenden Bestimmungen der Eisenbahnverwaltung beachten. Und zwar können hier besonders die einzelnen Ausnahmetarife wertvolle Fingerzeige geben. Welcher Art sie sein können, wird der folgende kurze Auszug bereits zeigen, da die einzelnen Baustoffe je nach ihrer Verwendungsart einem verschieden hohen Tarif unterliegen. Also können auch hier erhebliche Frachtersparnisse erzielt werden.

Ausnahmetarife
auf den Strecken der Deutschen Reichsbahn
vom 1. Oktober 1922.

Vorbemerkungen:

1. Für die Ausnahmetarife gelten:

a) die Bestimmungen in Teil I Abteilung B des Deutschen Eisenbahn-Gütertarifs;

b) die Bestimmungen im Heft A (TFv. 200) über die Frachtberechnung auf Schmalspurbahnen;

c) die Bestimmungen der Binnengütertarife;

d) die bei den einzelnen Ausnahmetarifen angegebenen besonderen Bedingungen.

2. Die Ausnahmetarife werden nur angewendet, wenn die Berechnung nach den Bestimmungen und Frachtsätzen der regelrechten Klassen nicht eine niedrigere Fracht ergibt.

3. Für Wagenladungen aus Gütern verschiedener Ausnahmetarife gilt als *höchster* Frachtsatz im Sinne des § 4 der Allgemeinen Tarifvorschriften derjenige, der unter Berücksichtigung seiner Anwendungsmöglichkeiten im gegebenen Falle die höchste Fracht ergibt.

4. Für Eilgut gelten die Ausnahmetarife nur insoweit, als dies bei den einzelnen Ausnahmetarifen angegeben ist.

5. Zuschlags- und Anstoßfrachten werden allgemein (sowohl bei Berechnung nach den Frachtsatzzeigern als auch bei den *Stationsfrachtsätzen*) neben diesen nach dem Heft C I b Tfv. 200 in Ansatz gebracht.

6. Die Ausnahmetarife mit Frachtzeigern gelten nur für solche Stationsverbindungen, für die im Tarif Entfernungen enthalten sind.

Ausnahmetarif für

A. 1. Steine aus Naturgestein, folgende:

a) Steine, rohe (Bruchsteine, Feldsteine, Findlinge);

b) Pflastersteine (auch Setzsteinschlag); Mosaikpflastersteine, gespalten oder geschlagen, sonst unbearbeitet;

c) Bord-, Rand-, Streck- und Sperrsteine.

Baum-, Grenz-, Nummer-, Vermessungs-, Prell und Schutzsteine. Wasserbausteine: Säulen- und Kopfsteine, Satzsteine, Böschungs- und Sohlenpflastersteine, Senk- (Schütt-) Steine.

Zu c) Sämtlich nur gespalten oder geschlagen, auch roh (nur mit Zweispitz, Spitzhammer, Spitzmeißel oder Schlaghammer) behauen.

d) Packlage- (Stick-) Steine, Steinschrotten (Krotzen), Steinschlag (Kleinschlag) und Schotter;

e) Steingrus, Steinsplitt, ungemahlen (Abfall bei der Herstellung von Steinschlag aus Bruchsteinen und bei der sonstigen Bearbeitung von Steinen).

2. Schlackenpflastersteine;

3. Kies, Grand, Sand, Mergel, Lehm;

4. Hochofenschlacken: Schlacken aus Blei- und Kupferöfen, auch zerkleinert, Räumasche aus Zinköfen, Schlacken der Tarifstelle, metallhaltige oder chemische Metallverbindungen enthaltende Abfälle usw. der Klasse D, Kohlenschlacken, Rauchkammerlösche, Kohlenaschen,

sämtlich

a) zum Wegebau;

b) zum Bahn- und Wasserbau [mit Ausschluß von Kunstbauten[1])].

B. 1. Kies, Grand, Sand;

2. Steingrus, Steinsplitt, ungemahlen (Abfall bei der Herstellung von Steinschlag aus Bruchsteinen und bei der sonstigen Bearbeitung von Steinen) } zur Herstellung ortsfester Betonbauten auf der Baustelle.

(Kies, Grand, Sand, Steingrus und Steinsplitt zu anderen Bauarten, z. B. zur Mörtelbereitung, zum Verputzen usw. fällt nicht hierunter.)

C. Sandsteinhorzeln (Abfallsteine oder Bruchsteine aus Sandstein, nur gespalten oder geschlagen, nicht behauen, für Werkstücke nicht geeignet) für alle Verwendungszwecke.

Anwendungsbedingungen:

1. Frachtzahlung für das wirklich verladene Gewicht, mindestens für das Ladegewicht des gestellten Wagens, bei Wagen mit weniger als 10 t Ladegewicht mindestens für 10 t.

2. Die Stoffe unter A des Warenverzeichnisses müssen verwendet werden:

a) zur Herstellung oder Unterhaltung von Wegen (auch Bürgersteigen, Brücken und als Wege dienenden Uferbefestigungen) oder

b) zur Herstellung und Unterhaltung von Eisenbahnen, auch Kleinbahnen und Privatanschlußbahnen (mit Ausschluß von Kunstbauten;

c) zum Wasserbau (mit Auschluß von Kunstbauten).

3. Die Stoffe unter B des Warenverzeichnisses müssen zur Herstellung ortsfester Betonbauten auf der Baustelle verwendet werden.

4. Die Ausnahmetarife werden sogleich bei der Aufgabe oder Abnahme der Sendungen gewährt, wenn der Frachtbrief in der Spalte „Inhalt" den Zusatz enthält:

„Zur Verwendung für den Wegebau" oder

„Zur Verwendung für den $\frac{\text{Bahnbau}}{\text{Wasserbau}}$ [1]) mit Ausschluß von Kunstbauten"

„Zur Herstellung ortsfester Betonbauten auf der Baustelle."

Die Eisenbahn behält sich das Recht vor, die Richtigkeit der zusätzlichen Inhaltsangabe durch Einsicht in die Bücher oder sonstigen Belege des Antragstellers oder durch eine auf seine Kosten vorzunehmende Prüfung nachträglich festzustellen.

5. Fehlt der obige Zusatz, so wird der Ausnahmetarif nachträglich im Erstattungswege gewährt, wenn der Antrag binnen längstens 3 Monaten nach Aufgabe des Gutes bei der der Empfangsstation vorgesetzten Eisenbahnverwaltung gestellt wird.

Den Anträgen sind die Originalfrachtbriefe und eine Erklärung folgenden Inhalts beizufügen:

D........ Unterzeichnete.. erklärt..... hierdurch auf Pflicht und Gewissen, daß die in d........ anliegenden Originalfrachtbriefe..... bezeichnete Sendung.........

zur $\frac{\text{Herstellung *}}{\text{Unterhaltung}}$ * von Wegen * (Bürgersteigen *, Brücken *. Uferbefestigungen *)

zur $\frac{\text{Herstellung *}}{\text{Unterhaltung}}$ * von Eisenbahnen mit Ausschluß von Kunstbauten

---

[1]) Kunstbauten im Sinne des Ausnahmetarifes 5 sind Bauwerke aus Beton oder solchem Mauerwerk, das durch flüssige Bindemittel (Mörtel, Zement u. a.) oder durch Metallklammern fest verbunden werden. Fugenguß allein gilt nicht als feste Verbindung. Wegen Kies, Grand, Sand, Steingrus und Steinsplitt zur Herstellung ortsfester Betonbauten auf der Baustelle siehe unter B des Warenverzeichnisses.

zum Wasserbau *
zur Herstellung ortsfester Betonbauten auf der Baustelle *
verwendet $\frac{\text{werden}}{\text{wird}}$ oder $\frac{\text{worden sind;}}{\text{worden ist;}}$ $\frac{\text{er}}{\text{sie}}$ ist bereit, dies auf Verlangen der Eisenbahn durch Vorlage der Bücher oder Belege nachzuweisen.

...., den.............................. 19...... Unterschrift des Verbrauchers.

*) Nichtzutreffendes ist zu streichen.

Frachtberechnen:

Die Fracht wird nach den Entfernungen des Kilometerzeigers und den folgenden Frachtsatzzeigern berechnet.

Der Frachtberechnung wird eine Mindestentfernung von 5 Kilometern zugrunde gelegt, ausgenommen bei Umbehandlung mangels direkter Tarife.

Ausnahmetarif 5 A für

a) Steine, rohe (Bruchsteine, Feldsteine, Findlinge);

b) Pflastersteine (auch Setzsteinschlag), Mosaikpflastersteine (ausgenommen solche mit rechtwinkligen Kopf- und gleichmäßigen Seitenflächen);

c) Packlage- (Stick-) Steine, Steinschrotten (Krotzen), Steinschlag (Kleinschlag) und Schrotter,

sämtlich

a) zum Wegebau;

b) zum Bahn- und Wasserbau, mit Ausschluß von Kunstbauten [1]).

Gültig bis 31. Dezember 1922.

Anwendungsmöglichkeiten:

1. Wie zu 5.
2. Wie zu 5.
3. Wie zu 5.
4. Wie zu 5.

Frachtberechnung: wie zu 5.

Ausnahmetarif 5 b für

1. Steingrus und Steinsplitt (ausgenommen Gipssteingrus und -splitt) aus Steinbrüchen, ungemahlen und ungewaschen (Abfall bei der Herstellung von Steinschlag aus Bruchsteinen und bei der sonstigen Bearbeitung von Steinen).

2. Steinschutt (Abraum), ausgenommen Gipssteinschutt (Gipssteinabraum), ungereinigt (Abfall bei der Gewinnung von Steinen in Brüchen)

sämtlich

zur Herstellung ortsfester Betonbauten auf der Baustelle, zum Wege-, Bahn- oder Wasserbau oder zu Auffüllungsarbeiten.

Die Verwendung von Wasser vor und während des Brechens in der Brechmaschine (Brechmaul) gilt nicht als Waschen. Dagegen ist die Bewässerung, Berieselung oder Bespritzung der gebrochenen Steine nach dem Verlassen der Brechmaschine, z. B. in den Siebtrommeln usw. als Waschen anzusehen und schließt die Anwendung dieses Ausnahmetarifes aus.

Anwendungsbedingungen:

1. Wie zu 5.
2. Wie zu 5 usw. Spalte Inhalt, die Zusätze enthält: „Zur Herstellung ortsfester Betonbauten auf der Baustelle, zum Wegebau, zum Bahnbau, zum Wasserbau oder zu Auffüllungsarbeiten."
3. Wie zu 5.

Frachtenberechnungen: wie zu 5.

Ich möchte es nicht unterlassen, an dieser Stelle noch einmal darauf hinzuweisen, welch erhebliche Frachtersparnis erzielt werden könnte, wenn bei Baubeginn die erforderlichen Geräte und dergleichen geschlossen auf den Weg gebracht werden. Bei den fast monatlich in der letzten

[1]) Siehe Fußnote S. 86.

Zeit gestiegenen Frachtsätzen lassen sich hierbei ganz erhebliche Kosten ersparen, die bei Bauten auf eigene Rechnung auch ausschlaggebend für den Bauabschluß (Gewinn) sein können.

Allgemeiner Rückblick.

In vorstehender Arbeit wies ich an Hand der technischen und kaufmännischen Arbeitsteilung nach, in welcher Weise Betonbaustellen zu organisieren und in ihrem Betrieb wirtschaftlich zu erhalten sind. Darüber muß man sich jedoch klar sein, daß die eingeführten Wege nicht die einzigsten sind, sondern daß es im vielgestaltigen Tiefbaugewerbe auch viele Möglichkeiten gibt, um dieses Ziel zu erreichen.

Fassen wir die Gedanken noch einmal zusammen, so sind vor allem zwei Forderungen zu erfüllen:

1. Prüfung der menschlichen Arbeitskräfte auf ihre Eignung für das ihr zufallende Arbeitsgebiet.

2. Technische und kaufmännische Betriebsführung in der Form, daß mit geringstem Energieaufwand höchste Arbeitsleistung und Wirtschaftlichkeit erzielt werden.

Kalkulation und Zwischenkalkulation im Großbaubetriebe. Gedanken über die Erfassung des Wertes kalkulativer Arbeit und deren Zusammenhänge. Von **Rudolf Kundigraber.** Mit 4 Abbildungen. 1920. GZ. 2.4 / $ 0.60

Betriebskosten und Organisation im Baumaschinenwesen. Ein Beitrag zur Erleichterung der Kostenanschläge für Bauingenieure mit zahlreichen Tabellen der Hauptabmessungen der gangbarsten Großgeräte. Von Dipl.-Ing. Dr. **Georg Garbotz,** Privatdozent an der Technischen Hochschule Darmstadt. Mit 23 Textabbildungen. 1922. GZ. 3.6 / $ 1.20

Kostenberechnung im Ingenieurbau. Von Dr.-Ing. **Hugo Ritter.** 1922. GZ. 3.4 / $ 0.85

Die Vorkalkulation im Maschinen- und Elektromotorenbau nach neuzeitlich-wissenschaftlichen Grundlagen. Ein Hilfsbuch für Praxis und Unterricht. Von Ingenieur **Friedrich Kresta,** technischer Kalkulator. Mit 56 Abbildungen, 78 Tabellen und 5 logarithmischen Tafeln. 1921. Gebunden GZ. 6 / Gebunden $ 2.20

Die Nachkalkulation nebst zugehöriger Betriebsbuchhaltung in der modernen Maschinenfabrik. Für die Praxis bearbeitet unter Zugrundelegung von Organisationsmethoden der Berlin-Anhaltischen Maschinenbau-A.-G., Berlin. Von **J. Mundstein.** Mit 30 Formularen und Beispielen. 1920. GZ. 2 / $ 0.90

Taschenbuch für Bauingenieure. Unter Mitwirkung zahlreicher Fachleute herausgegeben von Dr.-Ing. e. h. **Max Foerster,** Geh. Hofrat, ord. Professor für Bauingenieurwesen an der Technischen Hochschule Dresden. Vierte, verbesserte und erweiterte Auflage. Mit 3193 Textfiguren. In zwei Teilen. 1921. Gebunden GZ. 24 / Gebunden $ 5.80

Die Grundzüge des Eisenbetonbaues. Von Dr.-Ing. e. h. **M. Foerster,** Geh. Hofrat, ord. Professor an der Technischen Hochschule Dresden. Zweite, verbesserte und vermehrte Auflage. Mit 170 Textabbildungen. 1921. Gebunden GZ. 9 / Gebunden $ 2.20

Die Eisenkonstruktionen. Ein Lehrbuch für Schule und Zeichentisch nebst einem Anhang mit Zahlentafeln zum Gebrauch beim Berechnen und Entwerfen eiserner Bauwerke. Von Dipl.-Ing. Professor **L. Geusen,** Studienrat in Dortmund. Dritte, verbesserte Auflage. Mit 522 Figuren im Text und auf 2 farbigen Tafeln. 1921. Gebunden GZ. 12 / Gebunden $ 3.50

Leitfaden für den Unterricht in Stein-, Holz- und Eisenkonstruktionen an maschinentechnischen Fachschulen. Von Professor Dipl.-Ing. **L. Geusen,** Studienrat in Dortmund. Zweite, vermehrte und verbesserte Auflage. Mit 173 Abbildungen im Text. Erscheint im Herbst 1923

Die Grundzahlen (GZ.) entsprechen den ungefähren Vorkriegspreisen und ergeben mit dem jeweiligen Entwertungsfaktor (Umrechnungsschlüssel) vervielfacht den Verkaufspreis. Über den zur Zeit geltenden Umrechnungsschlüssel geben alle Buchhandlungen sowie der Verlag bereitwilligst Auskunft.

Theorie und Berechnung der statisch unbestimmten Tragwerke. Elementares Lehrbuch. Von **H. Buchholz.** Mit 303 Textabbildungen. 1921. GZ. 11 / $ 2.25

Theorie des Trägers auf elastischer Unterlage und ihre Anwendung auf den Tiefbau nebst einer Tafel der Kreis- und Hyperbelfunktionen. Von Dr.-Ing. **K. Hayashi,** Professor an der Kaiserlichen Kyushu-Universität Fukuoka-Hakosaki, Japan. Mit 150 Textfiguren. 1921. GZ. 7.5; gebunden GZ. 9.4 / $ 1.80; gebunden $ 2.25

Die Berechnung des symmetrischen Stockwerkrahmens mit geneigten und lotrechten Ständern mit Hilfe von Differenzengleichungen. Von Dr. techn. **Josef Fritsche,** Ingenieur, Prag. 1923. GZ. 3 / $ 0.75

Die Knickfestigkeit. Von Dr.-Ing. **Rudolf Mayer,** Privatdozent an der Technischen Hochschule in Karlsruhe. Mit 280 Textabbildungen und 87 Tabellen. 1921. GZ. 16 / $ 4.35

Kompendium der Statik der Baukonstruktionen. Von Privatdozent Dr.-Ing. **J. Pirlet** in Aachen. In zwei Bänden.

Erster Band: **Die statisch bestimmten Systeme. Vollwandige Systeme und Fachwerke.** In Vorbereitung

Zweiter Band: **Die statisch unbestimmten Systeme. In vier Teilen.**

Zweiter Band, 1. Teil: Die allgemeinen Grundlagen zur Berechnung statisch unbestimmter Systeme. Die Untersuchung elastischer Formänderungen. Die Elastizitätsgleichungen und deren Auflösung. Mit 136 Textfiguren. 1921. GZ. 6.5; gebunden GZ. 8.5 / $ 1.45; gebunden $ 2.05

Zweiter Band, 2. Teil: Berechnung der einfacheren statisch unbestimmten Systeme: Grade Balken mit Endeinspannungen und mehr als zwei Stützen — Einfache Rahmengebilde. Zweigelenkbogen. — Gewölbe. — Armierte Balken. Mit 298 Textfiguren. 1923. GZ. 7.5; gebunden GZ. 9 / $ 1.80; gebunden $ 2.20

Zweiter Band, 3. Teil: Die hochgradig statisch unbestimmten Systeme. Durchlaufende Träger auf starren und elastischen Stützen. Fachwerke mit starren Knotenpunktsverbindungen. — Stockwerkrahmen. — Vierendeelträger und verwandte Rahmengebilde. In Vorbereitung

Zweiter Band, 4. Teil: Das statisch unbestimmte Fachwerk. Aufgaben des Brücken- und Eisenhochbaues. In Vorbereitung

Die Lehren der Explosionskatastrophe in Oppau für das Bauwesen besprochen von Dipl.-Ing. **H. Goebel,** Oberingenieur der Bad. Anilin- und Sodafabrik in Ludwigshafen a. Rhein, und Dr.-Ing. **E. Probst,** Professor an der Technischen Hochschule Karlsruhe in Baden. Mit 24 Abbildungen im Text und auf einer farbigen Tafel. 1923. GZ. 6 / $ 1.45

Untersuchungen über das Wärmeisolierungsvermögen von Baukonstruktionen. Von **H. Kreüger,** Professor an der Technischen Hochschule zu Stockholm, und **A. Eriksson,** Architekt. Aus dem Schwedischen übersetzt von Herbert Frhr. Grote. Mit 55 Abbildungen. 1923. GZ. 1.4 / $ 0.35

Werkstattbau. Anordnung, Gestaltung und Einrichtung von Werkanlagen nach Maßgabe der Betriebserfordernisse. Von Dr.-Ing. **Carl Theodor Buff.** Zweite, durchgesehene Auflage. Mit etwa 210 Textabbildungen und einer Tafel. Erscheint im Herbst 1923

Der Bauingenieur. Zeitschrift für das gesamte Bauwesen. Organ des Deutschen Eisenbau-Verbandes und des Deutschen Beton-Vereins. Organ der Deutschen Gesellschaft für Bauingenieurwesen. Mit Beiblatt: Die Baunormung, Mitteilungen des NDI. Herausgegeben von Professor Dr.-Ing. e. h. **M. Foerster** in Dresden, Professor Dr.-Ing. **W. Gehler** in Dresden, Professor Dr.-Ing. **E. Probst** in Karlsruhe, Dr.-Ing. **H. Fischmann** in Berlin und Dr.-Ing. **W. Petry** in Oberkassel. Erscheint zweimal monatlich

Die Grundzahlen (GZ.) entsprechen den ungefähren Vorkriegspreisen und ergeben mit dem jeweiligen Entwertungsfaktor (Umrechnungsschlüssel) vervielfacht den Verkaufspreis. Über den zur Zeit geltenden Umrechnungsschlüssel geben alle Buchhandlungen sowie der Verlag bereitwilligst Auskunft.

Taschenbuch für den Fabrikbetrieb. Bearbeitet von zahlreichen Fachleuten. Herausgegeben von Professor **H. Dubbel,** Ingenieur, Berlin. Mit 933 Textfiguren und 8 Tafeln. 1923. Gebunden GZ. 15 / Gebunden $ 3.80

Das A B C der wissenschaftlichen Betriebsführung. Primer of Scientific Management. Von **Frank B. Gilbreth.** Nach dem Amerikanischen frei bearbeitet von Dr. **Colin Roß.** Mit 12 Textfiguren. Dritter, unveränderter Neudruck. 1920. GZ. 2 / $ 0.50

Bewegungsstudien. Vorschläge zur Steigerung der Leistungsfähigkeit des Arbeiters. Von **Frank B. Gilbreth.** Freie deutsche Bearbeitung von Dr. **Colin Roß.** Mit 20 Abbildungen auf 7 Tafeln. 1921. GZ. 2 / $ 0.50

Kritik des Taylor-Systems. Zentralisierung — Taylors Erfolge — Praktische Durchführung des Taylor-Systems — Ausbildung des Nachwuchses. Von **Gustav Frenz,** Oberingenieur und Betriebsleiter der Maschinenfabrik Thyssen & Co. in Mülheim-Ruhr. 1920. GZ. 3.5 / $ 0.75

H. L. Gantt, Organisation der Arbeit. Gedanken eines amerikanischen Ingenieurs über die wirtschaftlichen Folgen des Weltkrieges. Deutsch von Dipl.-Ing. **Friedrich Meyenberg.** Mit 9 Textabbildungen. 1922. GZ. 2.5 / $ 0.55

Warum arbeitet die Fabrik mit Verlust? Eine wissenschaftliche Untersuchung von Krebsschäden in der Fabrikleitung. Von **William Kent.** Mit einer Einleitung von Henry L. Gantt. Übersetzt und bearbeitet von **Karl Italiener.** 1921. GZ. 2.6 / $ 0.65

Die psychologischen Probleme der Industrie. Von **Frank Watts,** M. A., Dozent der Psychologie an der Universität Manchester und an der Abteilung für industrielle Verwaltung der Gewerbeakademie von Manchester. Deutsch von **Herbert Frhr. Grote.** Mit 4 Textabbildungen. 1922. GZ. 5.5; gebunden GZ. 7.5 / $ 1.35; gebunden $ 1.70

Einführung in die Organisation von Maschinenfabriken unter besonderer Berücksichtigung der Selbstkostenberechnung. Von Dipl.-Ing. **Friedrich Meyenberg** in Berlin. Zweite, durchgesehene und erweiterte Auflage. 1919. Gebunden GZ. 5 / Gebunden $ 1.20

Fabrikorganisation, Fabrikbuchführung und Selbstkostenberechnung der Firma Ludwig Loewe & Co., A.-G., Berlin. Mit Genehmigung der Direktion zusammengestellt und erläutert von **J. Lilienthal.** Mit einem Vorwort von Professor Dr.-Ing. **G. Schlesinger.** Zweite, durchgesehene und vermehrte Auflage. Unveränderter Neudruck 1919. Gebunden GZ. 10 / Gebunden $ 2.40

Grundlagen der Fabrikorganisation. Von Dr.-Ing. **Ewald Sachsenberg,** ord. Professor an der Technischen Hochschule Dresden. Dritte, verbesserte und erweiterte Auflage. Mit 66 Textabbildungen. 1922. Gebunden GZ. 8 / Gebunden $ 2

Die Grundzahlen (GZ.) entsprechen den ungefähren Vorkriegspreisen und ergeben mit dem jeweiligen Entwertungsfaktor (Umrechnungsschlüssel) vervielfacht den Verkaufspreis. Über den zur Zeit geltenden Umrechnungsschlüssel geben alle Buchhandlungen sowie der Verlag bereitwilligst Auskunft.